\\ 第一次做就好吃！//

鬆餅研究室

はじめてでもおいしく作れる　魔法のパンケーキ

藤澤serika / 著

前言

我跟鬆餅（Pancake）的初次相遇，是在大約二十年前的夏威夷。當時檀香山市區最繁華的威基基還不像現在充斥著時髦咖啡廳，早餐基本上不是在飯店解決，就是外帶一整盤的餐點到海灘上吃。如果想要在那個時期的威基基坐在店裡愜意吃上一頓早餐，非鬆餅店莫屬。

早餐的鬆餅是簡單的薄片鬆餅，吃的時候放一團打發鮮奶油，淋上楓糖漿、椰子糖漿或芭樂糖漿（番石榴糖漿）。有些知名的店家也會販售自家製的打發鮮奶油。穿著穆穆長袍（以夏威夷布料製成的洋裝）的婦女們，在店裡吃完鬆餅後順道買打發鮮奶油回家，幾乎是每天都會上演的日常光景。

當時的夏威夷有二十四小時營業的鬆餅店，我也因此留下了在大半夜吃鬆餅的記憶。鬆餅在經歷了那段夏威夷時代後，成為了現代華麗甜點的象徵。

在這本書中包含了就算第一次做也能做得好吃的基礎鬆餅（Basic Pancake），以及在新時代中後起的舒芙蕾鬆餅（Soufflé Pancake）。當然，還有添加了配料、讓人目不轉睛的裝飾的夢幻鬆餅。我將多年來的研究、像魔法般的鬆餅作法，全部詳細介紹於這本書裡。在一張張的步驟圖中，到處都是讓美味加倍的「魔法 Point」，請千萬不要錯過！

不只好吃而已，光用看的也能帶來笑容。不可思議的鬆餅，能夠為每個咬下一口的人帶來療癒。如果這本書能夠幫助大家做出這樣魔法般的鬆餅，便是我最開心的事。

藤澤 *serika*

CONTENTS

PART 1

第一次做就好吃！
鬆餅的基本麵糊製作方法 ……………………… 7

PART 2

挑戰可愛裝飾的鬆餅！
基礎鬆餅篇 …………………………… 27

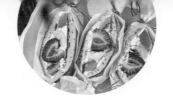

PART 3

挑戰夢幻裝飾的鬆餅！
舒芙蕾鬆餅篇 ······················· 77

注意事項
■本書食譜中記載的分量為 1 大匙 =15 ㎖（cc）、1 小匙 =5 ㎖（cc）。
■鮮奶油、鮮奶、優格皆使用無含糖、非低脂的種類。煎鬆餅時使用的是無鹽奶油。
■烹調時間、溫度、火候大小僅供參考，請視自家的烹調器具調整。

好吃的關鍵在於
材料選擇和火候控制！

鬆餅使用的都是廚房隨手可得的材料，步驟作法也非常單純，因此食材本身條件會直接表現在味道上，也可以說是鬆餅的特色之一。想要做出好吃的鬆餅，並不需要花俏的技巧，最需要注意的是「材料選擇」和「火候控制」。在這裡將為大家介紹，雖然很簡單卻能確實做出美味鬆餅的關鍵。

1
基礎鬆餅著重蛋黃，
舒芙蕾鬆餅
重視蛋白

雞蛋絕對是新鮮為上，除此之外的挑選重點則隨鬆餅種類而不同。基礎鬆餅適合蛋黃濃郁的雞蛋，可以帶出濃厚的味道。舒芙蕾鬆餅必須靠蛋白霜撐起蓬鬆的形狀，所以蛋白黏性高的雞蛋是更好的選擇。假如包裝上的資訊不清楚，沒試過很難分辨的話，不妨在超市購買價位較高的蛋（比一般平價雞蛋的價格高），如此一來，兩種條件大概都能滿足。

基礎鬆餅 ＞ 蛋黃濃郁 　 舒芙蕾鬆餅 ＞ 蛋白黏性強

2
濕潤綿密或蓬鬆柔軟？
鬆餅的口感
取決於麵粉

基礎鬆餅的麵粉比例較高，所以口感也會受到麵粉影響。雖然都是低筋麵粉，但包裝上有時候會出現甜點專用、或是麵條專用（烏龍麵）等差別。甜點專用的低筋麵粉口感輕盈鬆軟，麵條專用的則較為濕潤、綿密扎實。這是因為其中的蛋白質（麩質）含量不同的關係，蛋白質含量越低，鬆餅越輕盈蓬鬆。可以試試看各種不同的低筋麵粉，找出自己最喜歡的口感。

甜點用 輕盈蓬鬆 ← 少　蛋白質（麩質）含量　多 → 麵條用 彈性濕潤

3
濕潤或清爽？
依照用途
區分不同的糖

綿綿的上白糖、三溫糖，顆粒明顯的細砂糖，細粉狀的糖粉……糖的種類很多，主要影響到口感的則是其中的含水量。基礎鬆餅適合濕潤感的上白糖，舒芙蕾鬆餅則適合清爽的細砂糖。如果想要嘗試自然的甜味，也可以選擇椰子糖或未精緻的蔗糖等天然糖。

基礎鬆餅　　舒芙蕾鬆餅

濕潤 ← 上白糖　三溫糖　細砂糖　糖粉 → 清爽

4
確實記住
煎出美味鬆餅的火力

備齊符合自己口味的材料後，接著就要靠火力了。瓦斯爐、IH 爐、電烤盤等不同爐具的使用方法多少不同，但不論哪種必須記得在開始煎之前充分熱鍋。接下來，煎的火候也非常重要，如果用溫度來測量大概是 160 度，目測火力大約介於極小火～小火之間。使用非接觸式溫度計測量、觀察機器上的溫度設定，或是目測觀察都可以。

本書中的火力參考（瓦斯爐）　　＊僅供目測參考，必須依照實際爐具狀況調整。

極小火	小火	中小火	中火	大火

從瓦斯爐口冒出約 1 公分高的細小藍色火焰。	冒出 1.5 公分的藍色火焰，火焰稍微往外擴張。	冒出 3 公分左右的藍色火焰，覆蓋住整個爐口。	冒出約 5 公分的藍色火焰，火的熱度明顯。	火焰超過 8 公分以上，大幅度往上方和四周張開。

PART

1

第一次做就好吃！

鬆餅的基本麵糊製作方法

用隨手取得的材料簡單煎一煎，快速填飽飢腸轆轆的肚子。
材料愈是單純的食物，材料本身的好壞影響風味就愈明顯。
在這個章節中，會將材料挑選和製作方法
分成「基礎鬆餅」和「舒芙蕾鬆餅」兩個部分，
把所有做出更好吃鬆餅的技巧統統教給你！

HOW TO MAKE PANCAKES

做出好吃鬆餅的便利工具

在這裡會將用來做鬆餅的工具，分成「基礎鬆餅篇」和「舒芙蕾鬆餅篇」來介紹。幾乎都是一般廚房裡常見的工具，不過還是在開始製作前，事先確認一次吧！如果需要購買新品的話，也可以參考看看再選購。

\\ 基礎鬆餅篇 //

調理盆

因為要用來混合所有麵糊材料，建議挑選尺寸較大、有點重量，材質穩定的玻璃製調理盆。

篩網

將粉類材料混合過篩時使用。挑選口徑較大、附把手的篩網會比較順手。

電子秤

測量粉類等微量材料的重量時使用。建議選擇測量範圍可達 1g～2kg 的產品。

量匙

用來精準測量麵糊材料的工具。分成大匙（15㎖）、小匙（5㎖），數字標示清楚的產品，使用起來會比較方便。

量杯

測量牛奶等液態材料時使用。選擇可以測量到 500㎖，而且標示數字清楚的產品。

打蛋器

挑選時建議以好握，下方攪拌處較大且牢固的為主。若能備齊大、中、小尺寸會比較方便。

湯勺

用來倒麵糊時使用。有一種是具倒湯開口設計的尖嘴勺，但如果是基礎鬆餅的麵糊，使用圓形的湯勺也 OK。

鍋鏟

幫鬆餅翻面的必要工具。盡可能選擇前端寬大、扁平的鍋鏟，用起來比較順手。

廚房計時器

計算煎烤時間的計時工具。選擇文字大、容易辨識，磁吸式的款式比較好用。

附蓋平底鍋

當用平底鍋小火慢煎，熱度不容易穿透到鬆餅中心時，就會需要上蓋。鍋蓋最好是透明玻璃製的，方便觀察鍋內狀況。

糖粉篩

鬆餅盛盤後，用來撒糖粉、抹茶粉或可可粉等粉類材料裝飾時使用，選擇網目細的比較好。

舒芙蕾鬆餅篇

調理盆

推薦使用可以快速降溫、方便拿起來攪拌，輕量且大容量的不銹鋼製調理盆。

量匙

用來精準測量出麵糊材料的工具。除了大匙（15㎖）、小匙（5㎖）之外，也會用到¼ 小匙（1㎖）。最好選擇數字標示清楚的產品。

打蛋器

挑選時建議以好握，下方攪拌處較大且牢固的為主。

電動攪拌器

打發蛋白霜時使用。需要可以切換高、中、低速，攪拌器的頭大而牢固的產品。我個人很推薦 Cuisinart 美膳雅品牌的產品。

電子秤

測量粉類等微量材料的重量時使用。建議選擇測量範圍可達1g～2kg 的產品。

廚房計時器

計算煎烤時間的計時工具。選擇文字大、容易辨識，磁吸式的款式比較好用。

硬刮刀

用來混合基底麵糊和蛋白霜時使用。

軟刮刀

將調理盆內的麵糊或鮮奶油刮出時使用。

湯勺

舒芙蕾鬆餅的麵糊容易整團掉落，使用具有倒湯開口設計的尖嘴勺會比較好倒。也可以用小一點的圓形湯勺。

非接觸式溫度計

指向調理工具和麵糊就能測量溫度的工具。舒芙蕾鬆餅的溫度掌控很重要，所以這是必備的工具。

鍋鏟

幫鬆餅翻面的必要工具。盡可能選擇前端寬大、扁平的鍋鏟，用起來比較順手。

毛刷

需要在電烤盤、平底鍋或模具上塗抹奶油時使用。

模具

想要將鬆餅做成心型等造型或製造出高度時使用。

糖粉篩

鬆餅盛盤後，用來撒糖粉等粉類材料裝飾時使用，選擇網目細的比較好。

棉紗手套

將煎好的鬆餅脫模時使用，可以幫助隔熱。

附蓋平底鍋

可以用來煎舒芙蕾鬆餅的工具之一。建議選擇可以看到鍋內變化的透明玻璃鍋蓋。

電烤盤

可以用來煎舒芙蕾鬆餅的工具之一。不容易出現焦痕，還可以隨時調節溫度，對初學者來說很好上手。

做出好吃鬆餅的
基本材料

鬆餅材料的選擇和工具同樣重要。在這裡也會將基本材料分成「基礎鬆餅篇」和「舒芙蕾鬆餅篇」來介紹。基礎鬆餅麵糊裡的優格、舒芙蕾鬆餅麵糊中的檸檬汁，這兩者都是做出好吃鬆餅的重點，絕對不能少！

\\ 基礎鬆餅篇 //

魔法
Point

1 鮮奶

請使用脂肪含量 3.5% 以上，非低脂的鮮奶。不喜歡牛奶的人，也可以改成豆漿或是杏仁奶。

2 優格

想要做出濕潤的鬆餅，加入優格可是訣竅。請使用不帶甜味的原味無糖優格。不喜歡奶味的人可以用豆漿優格代替。

3 麵粉

使用低筋麵粉，一般料理用或烘焙用的都可以。對麩質過敏的人可以改用米粉或豆渣做做看。

4 雞蛋

以新鮮、蛋黃味濃郁的雞蛋為主。基本上使用 M 尺寸的中型蛋，但大顆的 L 尺寸也可以。（M尺寸重量約 58～64g；L尺寸約64～70 g）

5 無鋁泡打粉

可以省略不加，但加了的話，鬆餅會更蓬鬆。

6 砂糖

建議使用上白糖（日本的砂糖之一），可以增加濕潤度。也可以依照喜好選擇其他砂糖種類，但不可使用液態糖（蜂蜜、果糖等）。

魔法 Point

1 檸檬汁

讓打好的蛋白霜質地更穩定的祕密，就是檸檬汁。購買市售檸檬原汁或現榨都可以，沒有檸檬的話也可以改用醋。

2 鮮奶

請使用脂肪含量3.5%以上，非低脂的鮮奶。不喜歡牛奶的人，也可以改成豆漿或是杏仁奶。

3 無鋁泡打粉

可以省略不加，但加了的話，鬆餅會更蓬鬆。

4 麵粉

使用低筋麵粉，一般料理用或烘焙用的都可以。對麩質過敏的人可以改用米粉或豆渣做做看，但蓬鬆度會不一樣。

5 砂糖

最好是用日本細砂糖（グラニュー糖），其他砂糖種類也可以，只是膨脹度可能有細微差距。但要注意不能使用蜂蜜、果糖等液態糖，會導致膨脹失敗。

6 雞蛋

挑選新鮮、蛋白稠度高的雞蛋。建議用L尺寸的大顆雞蛋，蛋白比較多，沒有的話，M尺寸的中型大小也可以。（M尺寸重量約58～64g；L尺寸約64～70g）

基本麵糊製作方法
基礎鬆餅篇

鬆餅好不好吃，麵糊是關鍵。接下來要介紹麵糊的製作，還有分別用瓦斯爐、IH爐、電烤盤三種爐具做鬆餅的方式。

1 測量粉類材料

在電子秤上放一個小碗，一邊秤重一邊加入需要分量的低筋麵粉、無鋁泡打粉、上白糖。

2 混合均勻

用打蛋器將碗中的粉類拌勻，確認上白糖沒有沉積在底部。

3 過篩

將篩網架在另一個調理盆上後，倒入混勻的粉類，用打蛋器攪拌、按壓過篩（可以避免粉類到處亂飛）。

7 預熱平底鍋或電烤盤

瓦斯爐的情況

用瓦斯爐時，先準備一條濕布，如果平底鍋溫度過高，就可以放到濕布上降溫。

將平底鍋放到瓦斯爐上，開中小火。等鍋面開始冒煙後立即關火，讓平底鍋維持餘溫。

IH爐的情況

將平底鍋放到IH爐上，溫度設定在170～180℃，等鍋面開始冒煙後，調低到160℃後維持。

8 混合粉類和液態材料

在碗內的粉類中間挖一個凹洞後，倒入約1/3的液態材料，用打蛋器從內往外繞圈混合。

接著倒入剩下的1/2的液態材料，一樣由內往外繞圈混合。

魔法
Point

加入剩餘所有液態材料，充分混合。接著持續以打蛋器繞圈攪拌約1分鐘，直到質地滑順。

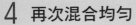

材料（直徑 20 cm／3 片）

低筋麵粉 ····· 180g	雞蛋 ····· 1 顆
無鋁泡打粉 ····· 5g	鮮奶 ····· 150㎖
上白糖 ····· 30g	無糖原味優格 ····· 50g

4 再次混合均勻

用打蛋器將過篩後的粉類再次拌勻。此時也要注意不讓上白糖沉積在底部。

5 測量液態材料

魔法
Point

雞蛋打入碗中後放到電子秤上，接著一邊秤重一邊加入優格。鮮奶先用量杯裝好需要分量備用。

6 混合均勻

將鮮奶倒入雞蛋和優格的碗中，用打蛋器充分拌勻。

電烤盤的情況

電烤盤的溫度傳導得比較慢，所以一開始先設定高溫 200℃，鍋面冒煙後再關掉。

等煙消失後再轉到 140℃。這時候電烤盤的燈通常不會亮，維持這樣沒關係。

電烤盤運作的原理不是持續加溫，而是反覆調節開關，來維持想要的溫度。

CHECK

「把液體加入粉類中」是大原則！
一定要遵守這個順序

在混合粉類和液態材料時，很多人常會反過來「把粉類加入液體中」，不僅不好混合，麵粉也很容易結塊，沒辦法做出滑順的麵糊。請一定要記住「把液體加入粉類中」的鐵則！

\ NG / ×

粉類浮在液態材料上方。

\ NG / ×

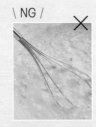

麵粉結塊，殘留顆粒粉感。

\ OK / ◎

加對順序就能做出滑順的鬆餅麵糊！

9 煎烤

火力的標誌

倒入麵糊	邊緣開始凝固	表面出現氣泡

瓦斯爐	IH爐 電烤盤	瓦斯爐	IH爐 電烤盤	瓦斯爐	IH爐 電烤盤
小火	160℃ 160℃	極小火	160℃ 180℃	極小火	170℃ 150℃
將麵糊倒入用小火充分預熱好的平底鍋中。	設定160℃。確認好溫度後，倒入麵糊。	剛開始先用小火煎，等麵糊邊緣開始凝固後，轉極小火。	麵糊邊緣已經凝固，但中央還是生的狀態。	瓦斯爐的溫度上升較快，用極小火慢慢煎比較不易焦鍋。	溫度稍微升高之後，開始啵啵冒出氣泡。

IH爐‧電烤盤的情況

先測量溫度，若低於160℃就先升到180℃後再倒入麵糊。

IH爐‧電烤盤瓦斯爐共通

這裡是關鍵！

麵糊邊緣和中間以外的表面都開始漸漸凝固。

IH爐‧電烤盤的情況

電烤盤會比IH爐更快冒出小氣泡。

瓦斯爐的情況

溫度太高時要立刻關火。

\ NG /

溫度太低導致麵糊無法凝固。此時可以將溫度調高到180℃或小火，再觀察麵糊的狀況。

瓦斯爐的情況

相較於電烤盤和IH爐，使用瓦斯爐會最快冒出氣泡。

＼ ADVICE ／

瓦斯爐的火力調節比較難掌控，我通常會用 IH 爐或電烤盤。其中，溫度穩定的電烤盤又特別適合新手。

完成!!

麵糊表面凝固	翻面	用竹籤確認熟度

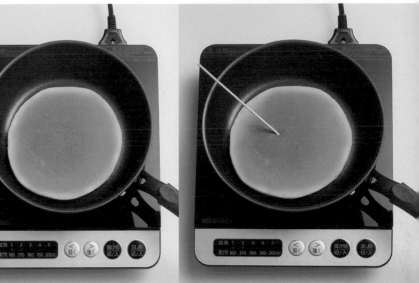

瓦斯爐	IH 爐　電烤盤	瓦斯爐	IH 爐　電烤盤	瓦斯爐	IH 爐　電烤盤
極小火	170℃　160℃	極小火	170℃　160℃	極小火	170℃　160℃

瓦斯爐 極小火
維持極小火慢慢煎到表面逐漸凝固。從倒入麵糊到現在大約煎了 5 分鐘。

IH 爐　電烤盤 170℃　160℃
開始冒出泡泡之後，表面也逐漸凝固。從倒入麵糊到此時大約煎了 5 分鐘。

瓦斯爐 極小火
用鍋鏟翻面後，如果熱度變低，先轉成小火大約 30 秒後，再轉回極小火。

IH 爐　電烤盤 170℃　160℃
用鍋鏟翻面之後，維持在同樣的溫度。

瓦斯爐 極小火
翻完面後大約煎 3～4 分鐘，看到麵糊整體膨起就可以用竹籤戳戳看熟了沒。

IH 爐　電烤盤 170℃　160℃
翻面後約煎 4～5 分鐘，用手指輕壓表面中央，如果感覺扎實，就可以用竹籤戳刺確認熟度。

IH 爐・電烤盤
瓦斯爐共通

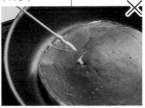

這裡是關鍵！

BEST!!

麵糊表面出現很多大大小小的洞，而且已經凝固，這時候就可以翻面了。

IH 爐・電烤盤
的情況

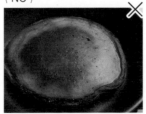

電烤盤和 IH 爐比較不容易煎焦，上色也很漂亮。

＼ NG ／

✕

用竹籤戳一下，如果前端沾黏半生的麵糊，就表示還沒熟。蓋上蓋子用 160℃ 或極小火燜煎 2 分鐘左右，再重新確認。

IH 爐・電烤盤
瓦斯爐共通

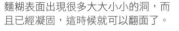

氣泡洞洞增加、麵糊凝固，表示可以進行翻面。

＼ NG ／

✕

瓦斯爐火力較強，就算使用極小火，也要注意避免燒焦。

IH 爐・電烤盤
的情況

這裡是關鍵！

用竹籤戳入後，前端沒有沾黏麵糊，就可以起鍋了。

基本麵糊製作方法
舒芙蕾鬆餅篇

決定舒芙蕾鬆餅好不好吃的關鍵在於蓬鬆度。接下來要教大家做出蓬鬆柔軟麵糊的混合方法，還有用瓦斯爐、IH爐、電烤盤製作的方式。

1 分開蛋黃和蛋白

打蛋時要特別小心，如果蛋黃不小心掉到蛋白裡會無法打發。
※ 多的一顆蛋黃不會使用。

2 準備冰水

為了讓蛋白在打發時保持低溫，先準備好另一盆冰塊水（裝冰水的盆子要大於裝蛋白的盆子）。

3 在蛋白中加入檸檬汁

魔法
Point

在屬於鹼性的蛋白中加入酸性的檸檬汁，可以讓蛋白霜呈穩定的中性狀態。

7 加入鮮奶混合

在裝有蛋黃的調理盆中加入鮮奶後，用打蛋器攪拌混合。

8 充分拌勻

以打蛋器仔細拌勻到麵糊沒有粉末顆粒感，也看不到糖粒為止。

9 預熱平底鍋或電烤盤

瓦斯爐的情況

用瓦斯爐時，先準備一條濕布，如果平底鍋溫度過高，就可以放到濕布上降溫。

10 製作蛋白霜

在裝有蛋白和檸檬汁的盆中加入細砂糖②，底下墊冰水盆，用電動攪拌器打發。

一開始先用高速，讓盆底的蛋白也能被均勻翻起，徹底打發。

等整體變白後，稍微降低速率，再打發 10 秒左右。

材料（直徑12cm／3片／1盤）

*此處使用的砂糖是日本的グラニュー糖，台灣多翻譯「日本細砂糖」，可以在烘焙行、進口超市、網路上購得，或是用一般砂糖取代。

◎基底麵糊
蛋黃 —— 1顆
低筋麵粉 —— 25g
細砂糖① —— 13g
無鋁泡打粉 —— 1g
鮮奶 —— 1大匙

◎蛋白霜
蛋白 —— 2顆
檸檬汁 —— ¼小匙
細砂糖② —— 13g

無鹽奶油 —— 15g

4 冷卻

將裝有蛋白和檸檬汁的調理盆，泡在冰水盆中降溫冷卻。

5 測量基底麵糊的分量

在電子秤上放另一個調理盆，一邊秤重一邊加入低筋麵粉、細砂糖①、無鋁泡打粉。

6 加入蛋黃

在裝有低筋麵粉、細砂糖①、無鋁泡打粉的調理盆中加入蛋黃。

IH爐的情況

將平底鍋放到IH爐上，溫度設定在170～180℃，等鍋面開始冒煙後，調低到160℃後維持。

電烤盤的情況

電烤盤的溫度傳導得比較慢，所以一開始先設定高溫200℃，鍋面冒煙後再關掉。

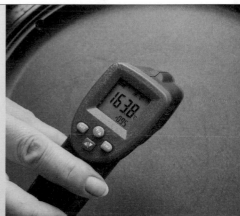

隨時用非接觸式溫度計測量，讓電烤盤溫度維持在160～170℃。

\ 完成!! /

再次轉高速，打到蛋白體積膨大起來後，轉回低速打，讓質地更細緻。

打到舉起攪拌棒後，蛋白霜前端呈尖角狀、質地細緻、蓬鬆有彈性即完成。

\ NG /

如果底部殘留沒有打發的蛋白、整體呈現癱軟沒有彈性的狀態，做好的鬆餅就會膨不起來。

（注意事項）

如果蛋白霜太水，和麵糊混合後也依然會是稀稀的狀態，膨脹不起來。但如果蛋白霜打過頭變得太硬，就會無法和麵糊融合，口感變得很粗糙。多練習幾次，才能掌握越來越完美的蛋白霜狀態。

11 混合基底麵糊和蛋白霜

加入蛋白霜	從底部翻起	均勻混合

將蛋白霜一口氣倒入裝基底麵糊的調理盆中。	使用硬刮刀翻拌混合,將麵糊從盆底反覆翻起。	持續翻拌混合,直到黃色的基底麵糊和蛋白霜完全融合。

✦魔法 Point 舒芙蕾鬆餅的蓬鬆度,取決於拌勻方式和速度!

1 單手拿起調理盆,另一手拿著硬刮刀。

2 將刮刀平躺,一邊從底部撈起麵糊往上翻,一邊混合蛋白霜。

3 像在炒菜翻鍋般,不斷甩動調理盆和翻動刮刀。

4 盆邊的麵糊也要仔細刮下翻拌,直到整體呈均勻的奶油色。

\ 完成!! /

蛋白霜沒有消泡,完成滑順有彈性的麵糊。

※ 最大的重點,就是要盡速混合。動作大一點比較好,可以加快混合的速度,反而不容易消泡。最好在蛋白霜加入基底麵糊後的 30 秒內完成。

\ NG /

過於溫柔輕拌,導致蛋白霜消泡,或是無法和基底麵糊融合。

\ NG /

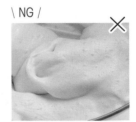

攪拌得太過緩慢,基底麵糊裡的顆粒就會開始浮現出來。

12 煎

\ ADVICE /

想要煎出完美的舒芙蕾鬆餅，溫度的確實掌控非常重要。因此需要使用到非接觸式溫度計。此外，也推薦使用最容易穩定溫度的電烤盤。

| 塗奶油 | 放入麵糊 | 疊得蓬蓬的 |

將奶油放到預熱好的電烤盤或平底鍋上。如果奶油有結塊，就用毛刷塗抹均勻，可以避免產生焦痕。

用湯勺挖起麵糊，稍微保持間隔，分別倒三勺在電烤盤或平底鍋中。

將剩下的麵糊也分別堆疊到三個麵糊上。

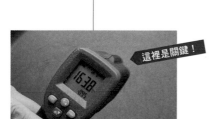

這裡是關鍵！

放入奶油前先測量電烤盤的溫度，如果介於 160～170℃ 左右就 OK。溫度太高的話，要稍等一下降溫。

\ NG /

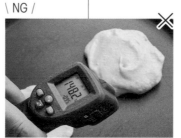

如果放入麵糊時，電烤盤的溫度低於 150℃，麵糊就會塌陷無法蓬鬆。必須確認溫度在 150～170℃ 之間。

這裡是關鍵！

麵團堆疊的時候要營造出蓬蓬的高度，之後煎好的鬆餅才會有厚度。

（注意事項）

基底麵糊和蛋白霜完成後要盡快混合。不管哪個放置太久，都有可能導致鬆餅失敗。拌勻後也要趕快入鍋煎，以免蛋白霜隨著時間逐漸消泡，膨脹不起來。

\ NG /

如果溫度低於 150℃，麵糊一放進去就會往左右流動，因此膨不起來。

接續下一頁 ➡

接續上一頁 ➡

煎 5 分鐘	確認溫度	翻面

倒入麵糊之後，設定計時器計時 5 分鐘。

為了將溫度維持在 160～170℃，要時常用非接觸式溫度計測量溫度。一旦溫度超過 180℃，就要調節設定讓溫度降下來。

用鏟子將麵糊翻面。翻的時候不要鏟起來從高處往下丟，要像翻身一樣將麵糊從旁邊輕輕翻過去。

維持不動，慢煎 5 分鐘。

如果溫度太高（超過 180℃）就轉到「保溫」設定。

\ NG / ✕

翻面時翻太大力，會導致麵糊裂開後塌陷。

這裡是關鍵！

或是關掉開關讓溫度下降。煎出完美鬆餅的重點，就是要像這樣仔細調節溫度。

\ NG / ✕

如果溫度太低，即使煎滿 5 分鐘也不會熟，翻面後一樣塌陷。

完成!!

蓋上鍋蓋　　　　測量溫度　　　　確認鬆餅邊緣

翻面後，就可以蓋上鍋蓋燜煎。

蓋上蓋子燜煎 2 分鐘左右後，從蓋子上面測量溫度。如果玻璃蓋大約呈 60～70℃，表示裡頭也差不多是 160℃左右的絕佳狀態。

燜煎 5 分鐘後打開鍋蓋，確認鬆餅的熟度。用手指輕輕碰觸邊緣，如果麵糊不會沾黏就表示 OK 了。

設定計時器，計時 5 分鐘。

確認電烤盤的溫度設定是否開啟。有時候在「保溫」的狀態下，溫度也可能不知不覺間上升到 230℃，一定要留意！

整體看起來蓬蓬鬆鬆，表面呈現漂亮的金黃色，側邊是乾的。

\ NG /

如果蓋上鍋蓋就不管它、沒有調整溫度的話，很容易焦掉。

注意事項

用瓦斯爐煎鬆餅時的溫度控制

舒芙蕾鬆餅是利用低溫慢慢烤熟中心的麵糊，來達到蓬鬆的效果，因此火力只會在小火和極小火之間變動。但因為瓦斯爐的火力是用目測來判斷，必須在開始煎之前，先熟悉如何辨別火力。也因為跟電器相比，瓦斯的熱度上升得比較快，一旦感覺到熱就要趕快降溫才行，可以在旁邊準備一條濕布備用。此外，舒芙蕾鬆餅非常軟，用鏟子翻面的時候一定要小心，才不會塌掉。

征服基本麵糊後
接著來挑戰變化版麵糊吧！

✦ 極致口感麵糊 ✦

推薦給不適合麩質的人

米 粉

口感充滿彈性，當正餐也很合適

基礎鬆餅
材料（直徑 20 cm／2 片）

◎ 鬆餅麵糊
- 米粉 …… 100g
- 無鋁泡打粉 …… 5g
- 細砂糖 …… 10g
- 雞蛋 …… 1 顆
- 鮮奶 …… 100㎖
- 橄欖油 …… 1 大匙

作法

作法和 P12～15「基本麵糊製作方法」相同。將粉類和液態材料分開處理後，混合做出麵糊，再用瓦斯爐、IH 爐或電烤盤來製作。

舒芙蕾鬆餅
材料（直徑 12 cm／3 片／1 盤）

◎ 基底麵糊
- 蛋黃 …… 1 顆
- 米粉 …… 25g
- 細砂糖① …… 13g
- 無鋁泡打粉 …… 1g
- 鮮奶 …… 1 大匙

◎ 蛋白霜
- 蛋白 …… 2 顆
- 檸檬汁 …… ¼ 小匙
- 細砂糖② …… 13g
- 無鹽奶油 …… 15g

作法

作法和 P16～21「基本麵糊製作方法」相同。分別完成基底麵糊和蛋白霜後，均勻混合成麵糊，再放到塗抹過奶油的電烤盤上煎烤。

富有嚼勁的正餐感

全麥粉

越吃越香的口感非常迷人

基礎鬆餅
材料（直徑 15 cm／5 片）

◎ 鬆餅麵糊
- 全麥粉 …… 180g
  （全麥粉和低筋麵粉各一半也 OK）
- 無鋁泡打粉 …… 5g
- 上白糖 …… 30g
- 雞蛋 …… 1 顆
- 鮮奶 …… 150㎖
- 無糖原味優格 …… 50g

作法

作法和 P12～15「基本麵糊製作方法」相同。將粉類和液態材料分開處理後，混合做出麵糊，再用瓦斯爐、IH 爐或電烤盤來製作。

舒芙蕾鬆餅
材料（直徑 12 cm／3 片／1 盤）

◎ 基底麵糊
- 蛋黃 …… 1 顆
- 全麥粉 …… 25g
- 細砂糖① …… 13g
- 無鋁泡打粉 …… 1g
- 鮮奶 …… 1 大匙

◎ 蛋白霜
- 蛋白 …… 2 顆
- 檸檬汁 …… ¼ 小匙
- 細砂糖② …… 13g
- 無鹽奶油 …… 15g

作法

作法和 P16～21「基本麵糊製作方法」相同。分別完成基底麵糊和蛋白霜後，均勻混合成麵糊，再放到塗抹過奶油的電烤盤上煎烤。

充滿懷舊氣息的大豆香氣

豆 渣

一咬就化開的口感

基礎鬆餅
材料（直徑 15 cm／5 片）

◎ 鬆餅麵糊
- 豆渣粉 …… 150g
- 無鋁泡打粉 …… 5g
- 上白糖 …… 30g
- 雞蛋 …… 1 顆
- 鮮奶 …… 150㎖
- 絹豆腐 …… 50g
  （或用嫩豆腐取代）

作法

作法和 P12～15「基本麵糊製作方法」相同。將粉類和液態材料分開處理後，混合做出麵糊，再用瓦斯爐、IH 爐或電烤盤來製作。

舒芙蕾鬆餅
材料（直徑 12 cm／3 片／1 盤）

◎ 基底麵糊
- 蛋黃 …… 1 顆
- 豆渣粉 …… 25g
- 細砂糖① …… 13g
- 無鋁泡打粉 …… 1g
- 鮮奶 …… 2 大匙

◎ 蛋白霜
- 蛋白 …… 2 顆
- 檸檬汁 …… ¼ 小匙
- 細砂糖② …… 13g
- 無鹽奶油 …… 15g

作法

作法和 P16～21「基本麵糊製作方法」相同。分別完成基底麵糊和蛋白霜後，均勻混合成麵糊，再放到塗抹過奶油的電烤盤上煎烤。

如果製作好吃的原味鬆餅對你來說已經輕而易舉，接下來，不妨改變麵糊材料，來試試看變化版的麵糊吧！
光是在麵糊本身加上風味而已，就可以像魔法般變出更多豐富的裝飾選擇哦！

超級食材麵糊

基礎鬆餅

材料（直徑 15 cm／5 片）

◎ 鬆餅麵糊
- 低筋麵粉 …… 170g
- 無鋁泡打粉 …… 5g
- 螺旋藻粉 …… 13g
- 上白糖 …… 30g
- 雞蛋 …… 1 顆
- 鮮奶 …… 150ml
- 無糖原味優格 …… 50g

作法

作法和 P12～15「基本麵糊製作方法」相同。將粉類和液態材料分開處理後，混合做出麵糊，再用瓦斯爐、IH 爐或電烤盤來製作。

舒芙蕾鬆餅

材料（直徑 12 cm／3 片／1 盤）

◎ 基底麵糊
- 蛋黃 …… 1 顆
- 低筋麵粉 …… 25g
- 螺旋藻粉 …… 3g
- 細砂糖① …… 15g
- 無鋁泡打粉 …… 1g
- 鮮奶 …… 1 大匙

◎ 蛋白霜
- 蛋白 …… 2 顆
- 檸檬汁 …… ¼ 小匙
- 細砂糖② …… 13g
- 無鹽奶油 …… 15g

作法

作法和 P16～21「基本麵糊製作方法」相同。分別完成基底麵糊和蛋白霜後，均勻混合成麵糊，再放到塗抹過奶油的電烤盤上煎烤。

提高免疫力、強化身體
螺旋藻粉
不怕有特殊味道或氣味

基礎鬆餅

材料（直徑 15 cm／5 片）

◎ 鬆餅麵糊
- 低筋麵粉 …… 180g
- 無鋁泡打粉 …… 5g
- 枸杞 …… 15g
- 上白糖 …… 30g
- 雞蛋 …… 1 顆
- 鮮奶 …… 150ml
- 無糖原味優格 …… 50g

作法

作法和 P12～15「基本麵糊製作方法」相同。將粉類和液態材料分開處理後，混合做出麵糊，再用瓦斯爐、IH 爐或電烤盤來製作。

舒芙蕾鬆餅

材料（直徑 12 cm／3 片／1 盤）

◎ 基底麵糊
- 蛋黃 …… 1 顆
- 低筋麵粉 …… 25g
- 枸杞 …… 10g
- 細砂糖① …… 13g
- 無鋁泡打粉 …… 1g
- 鮮奶 …… 1 大匙

◎ 蛋白霜
- 蛋白 …… 2 顆
- 檸檬汁 …… ¼ 小匙
- 細砂糖② …… 13g
- 無鹽奶油 …… 15g

作法

作法和 P16～21「基本麵糊製作方法」相同。分別完成基底麵糊和蛋白霜後，均勻混合成麵糊，再放到塗抹過奶油的電烤盤上煎烤。

長壽抗老的樹之果實
枸 杞
加入果肉，創造新鮮口感

基礎鬆餅

材料（直徑 15 cm／5 片）

◎ 鬆餅麵糊
- 低筋麵粉 …… 170g
- 無鋁泡打粉 …… 5g
- 巴西莓 …… 13g
- 上白糖 …… 30g
- 雞蛋 …… 1 顆
- 鮮奶 …… 150ml
- 無糖原味優格 …… 50g

作法

作法和 P12～15「基本麵糊製作方法」相同。將粉類和液態材料分開處理後，混合做出麵糊，再用瓦斯爐、IH 爐或電烤盤來製作。

舒芙蕾鬆餅

材料（直徑 12 cm／3 片／1 盤）

◎ 基底麵糊
- 蛋黃 …… 1 顆
- 低筋麵粉 …… 25g
- 巴西莓 …… 3g
- 細砂糖① …… 13g
- 無鋁泡打粉 …… 1g
- 鮮奶 …… 1 大匙

◎ 蛋白霜
- 蛋白 …… 2 顆
- 檸檬汁 …… ¼ 小匙
- 細砂糖② …… 13g
- 無鹽奶油 …… 15g

作法

作法和 P16～21「基本麵糊製作方法」相同。分別完成基底麵糊和蛋白霜後，均勻混合成麵糊，再放到塗抹過奶油的電烤盤上煎烤。

提升抗氧化力、改善貧血
巴西莓
飄散清香的莓果風味

大人氣風味麵糊

咖啡

大人系的早餐選擇

咖 啡

襯托出美味的微苦和香氣

基礎鬆餅

材料（直徑 15 cm／5 片）

◎ 鬆餅麵糊
- 低筋麵粉 —— 170g
- 無鋁泡打粉 —— 5g
- 咖啡粉（即溶）—— 13g
- 上白糖 —— 30g
- 雞蛋 —— 1 顆
- 鮮奶 —— 150mℓ
- 無糖原味優格 —— 50g

作法

作法和 P12～15「基本麵糊製作方法」相同。將粉類和液態材料分開處理後，混合做出麵糊，再用瓦斯爐、IH 爐或電烤盤來製作。

舒芙蕾鬆餅

材料（直徑 12 cm／3 片／1 盤）

◎ 基底麵糊
- 蛋黃 —— 1 顆
- 低筋麵粉 —— 25g
- 咖啡粉（即溶）—— 3g
- 細砂糖① —— 13g
- 無鋁泡打粉 —— 1g
- 鮮奶 —— 1 大匙

◎ 蛋白霜
- 蛋白 —— 2 顆
- 檸檬汁 —— ¼ 小匙
- 細砂糖② —— 13g
- 無鹽奶油 —— 15g

作法

作法和 P16～21「基本麵糊製作方法」相同。分別完成基底麵糊和蛋白霜後，均勻混合成麵糊，再放到塗抹過奶油的電烤盤上煎烤。

大人小孩都愛的味道

可 可

再淋上巧克力醬，好吃加倍！

基礎鬆餅

材料（直徑 15 cm／5 片）

◎ 鬆餅麵糊
- 低筋麵粉 —— 150g
- 無鋁泡打粉 —— 5g
- 可可粉 —— 25g
- 上白糖 —— 30g
- 雞蛋 —— 1 顆
- 鮮奶 —— 150mℓ
- 無糖原味優格 —— 50g

作法

作法和 P12～15「基本麵糊製作方法」相同。將粉類和液態材料分開處理後，混合做出麵糊，再用瓦斯爐、IH 爐或電烤盤來製作。

舒芙蕾鬆餅

材料（直徑 12 cm／3 片／1 盤）

◎ 基底麵糊
- 蛋黃 —— 1 顆
- 低筋麵粉 —— 25g
- 可可粉 —— 13g
- 細砂糖① —— 13g
- 無鋁泡打粉 —— 1g
- 鮮奶 —— 1 大匙

◎ 蛋白霜
- 蛋白 —— 2 顆
- 檸檬汁 —— ¼ 小匙
- 細砂糖② —— 13g
- 無鹽奶油 —— 15g

作法

作法和 P16～21「基本麵糊製作方法」相同。分別完成基底麵糊和蛋白霜後，均勻混合成麵糊，再放到塗抹過奶油的電烤盤上煎烤。

下午茶首選

肉 桂

讓人欲罷不能的異國風香氣

基礎鬆餅

材料（直徑 15 cm／5 片）

◎ 鬆餅麵糊
- 低筋麵粉 —— 180g
- 無鋁泡打粉 —— 5g
- 肉桂粉 —— 7g
- 上白糖 —— 30g
- 雞蛋 —— 1 顆
- 鮮奶 —— 150mℓ
- 無糖原味優格 —— 50g

作法

作法和 P12～15「基本麵糊製作方法」相同。將粉類和液態材料分開處理後，混合做出麵糊，再用瓦斯爐、IH 爐或電烤盤來製作。

舒芙蕾鬆餅

材料（直徑 12 cm／3 片／1 盤）

◎ 基底麵糊
- 蛋黃 —— 1 顆
- 低筋麵粉 —— 25g
- 肉桂粉 —— 2g
- 細砂糖① —— 13g
- 無鋁泡打粉 —— 1g
- 鮮奶 —— 2 大匙

◎ 蛋白霜
- 蛋白 —— 2 顆
- 檸檬汁 —— ¼ 小匙
- 細砂糖② —— 13g
- 無鹽奶油 —— 15g

作法

作法和 P16～21「基本麵糊製作方法」相同。分別完成基底麵糊和蛋白霜後，均勻混合成麵糊，再放到塗抹過奶油的電烤盤上煎烤。

異國風香料麵糊

基礎鬆餅

材料（直徑 15 cm／5 片）

◎ 鬆餅麵糊
- 低筋麵粉 …… 180g
- 無鋁泡打粉 …… 5g
- 黑胡椒（研磨過的）…… 3g
- 上白糖 …… 30g
- 雞蛋 …… 1 顆
- 鮮奶 …… 150㎖
- 無糖原味優格 …… 50g

作法

作法和 P12～15「基本麵糊製作方法」相同。將粉類和液態材料分開處理後，混合做出麵糊，再用瓦斯爐、IH 爐或電烤盤來製作。

舒芙蕾鬆餅

材料（直徑 12 cm／3 片／1 盤）

◎ 基底麵糊
- 蛋黃 …… 1 顆
- 低筋麵粉 …… 25g
- 黑胡椒（研磨過的）…… 1g
- 細砂糖① …… 13g
- 無鋁泡打粉 …… 1g
- 鮮奶 …… 2 大匙

◎ 蛋白霜
- 蛋白 …… 2 顆
- 檸檬汁 …… ¼ 小匙
- 細砂糖② …… 13g
- 無鹽奶油 …… 15g

作法

作法和 P16～21「基本麵糊製作方法」相同。分別完成基底麵糊和蛋白霜後，均勻混合成麵糊，再放到塗抹過奶油的電烤盤上煎烤。

帶來香氣刺激的風味

黑胡椒

微微的辣度充滿魅力，小心不要加太多！

基礎鬆餅

材料（直徑 15 cm／5 片）

◎ 鬆餅麵糊
- 低筋麵粉 …… 170g
- 無鋁泡打粉 …… 5g
- 紅椒粉 …… 13g
- 上白糖 …… 30g
- 雞蛋 …… 1 顆
- 鮮奶 …… 150㎖
- 無糖原味優格 …… 50g

作法

作法和 P12～15「基本麵糊製作方法」相同。將粉類和液態材料分開處理後，混合做出麵糊，再用瓦斯爐、IH 爐或電烤盤來製作。

舒芙蕾鬆餅

材料（直徑 12 cm／3 片／1 盤）

◎ 基底麵糊
- 蛋黃 …… 1 顆
- 低筋麵粉 …… 25g
- 紅椒粉 …… 3g
- 細砂糖① …… 13g
- 無鋁泡打粉 …… 1g
- 鮮奶 …… 2 大匙

◎ 蛋白霜
- 蛋白 …… 2 顆
- 檸檬汁 …… ¼ 小匙
- 細砂糖② …… 13g
- 無鹽奶油 …… 15g

作法

作法和 P16～21「基本麵糊製作方法」相同。分別完成基底麵糊和蛋白霜後，均勻混合成麵糊，再放到塗抹過奶油的電烤盤上煎烤。

顏色泛紅的美麗鬆餅

紅椒

小朋友也喜歡的甜甜香氣

基礎鬆餅

材料（直徑 15 cm／5 片）

◎ 鬆餅麵糊
- 低筋麵粉 …… 180g
- 無鋁泡打粉 …… 5g
- 葛拉姆馬薩拉 …… 7g
- 上白糖 …… 30g
- 雞蛋 …… 1 顆
- 鮮奶 …… 150㎖
- 無糖原味優格 …… 50g

作法

作法和 P12～15「基本麵糊製作方法」相同。將粉類和液態材料分開處理後，混合做出麵糊，再用瓦斯爐、IH 爐或電烤盤來製作。

舒芙蕾鬆餅

材料（直徑 12 cm／3 片／1 盤）

◎ 基底麵糊
- 蛋黃 …… 1 顆
- 低筋麵粉 …… 25g
- 葛拉姆馬薩拉 …… 3g
- 細砂糖① …… 13g
- 無鋁泡打粉 …… 1g
- 鮮奶 …… 2 大匙

◎ 蛋白霜
- 蛋白 …… 2 顆
- 檸檬汁 …… ¼ 小匙
- 細砂糖② …… 13g
- 無鹽奶油 …… 15g

作法

作法和 P16～21「基本麵糊製作方法」相同。分別完成基底麵糊和蛋白霜後，均勻混合成麵糊，再放到塗抹過奶油的電烤盤上煎烤。

辛香料的香氣最適合正餐

葛拉姆馬薩拉（印度綜合香料）

沾咖哩不用説，搭配起司也好吃！

用基礎鬆餅麵糊配方，
做成常備的鬆餅預拌粉！

隨 時 想 吃 都 可 以 ， 只 要 先 做 起 來 就 能 節 省 很 多 工 夫 ！

不管是濕潤型、蓬軟型或者變化版麵糊（請參考 P22～25），事先做好自己喜歡的專屬預拌粉，真的非常方便。快來一起製作可以快速變出一盤美味鬆餅的魔法預拌粉吧。

基本材料

低筋麵粉 …… 180g
上白糖 …… 30g
無鋁泡打粉 …… 5g

濕潤型變化材料

低筋麵粉 …… 180g
椰奶粉 …… 30g
上白糖 …… 30g
無鋁泡打粉 …… 5g

蓬軟型變化材料

低筋麵粉 …… 180g
奶酪粉 …… 30g
上白糖 …… 30g
無鋁泡打粉 …… 5g

依照上述乾粉分量
製作預拌粉需要的液態材料量

雞蛋 …… 1顆
鮮奶 …… 50g
無糖原味優格 …… 50g

1 測量材料

在電子秤上放調理盆後，依序放入材料秤重。

2 拌勻

用打蛋器從盆底把材料往上翻，攪拌均勻。

3 過篩

準備另一個調理盆，將混合好的粉類過篩進去。

4 再次拌勻

徹底攪拌，避免上白糖沉積在底部。

5 裝袋

將全部材料倒入可以確實密封的保鮮夾鏈袋中。

6 保存

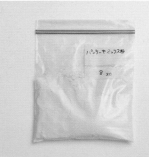

在袋子上標註製作日期和預拌粉的種類（濕潤型鬆餅粉等），然後冷藏保存，可以保存大約三個月的時間。

PART

2

挑戰可愛裝飾的鬆餅！

基礎鬆餅篇

學會煎基本的鬆餅之後，也來挑戰做出各式各樣的裝飾吧！
本章節會用清楚好懂的說明方式，
教你做出妝點著繽紛水果、鮮奶油、媲美咖啡廳人氣打卡甜點的上相裝飾。
除此之外，還有各種獨創的口味醬料，創造專屬於你的特別鬆餅。

BASIC PANCAKE

滿滿鮮奶油 & 水果 夏威夷風鬆餅

點燃鬆餅熱潮的元祖──夏威夷風鬆餅。搭配大把的打發鮮奶油和色彩繽紛的水果，視覺上同樣享受的健康鬆餅，在甜點中開創出了全新的領域。接下來的美味鬆餅提案，就來貪心地把這些夏威夷風的元素，全部放進一個盤子裡吧。

製作順序

| 1 切水果 | 2 混合麵糊 | 3 煎鬆餅 | 4 製作打發鮮奶油 | 5 盛盤 |

材料（直徑 20 cm／3 片／1 盤）

◎ 水果
草莓 —— 4 顆
香蕉 —— ½ 根
芒果 —— ½ 顆
紅龍果 —— ¼ 顆
柳橙 —— ¼ 顆

◎ 鬆餅麵糊
低筋麵粉 —— 180g
無鋁泡打粉 —— 5g
上白糖 —— 30g
雞蛋 —— 1 顆
鮮奶 —— 150㎖
無糖原味優格 —— 50g

◎ 打發鮮奶油
鮮奶油 —— 200㎖
細砂糖 —— 25g
香草精 —— 3 滴

◎ 配料
藍莓 —— 12 顆
糖粉 —— 少許
蘭花 —— 1 朵
薄荷葉 —— 少許
楓糖漿 —— 2 大匙

前置準備

- 低筋麵粉、無鋁泡打粉、上白糖混合後過篩。
- 雞蛋、鮮奶、無糖原味優格在開始製作前 10 分鐘，從冰箱取出備用。
- 所有水果確實洗淨並拭乾水氣。
- 鮮奶油要打發前再從冰箱中取出。

詳細作法請看下一頁！

Q 怎麼樣看起來才會有「夏威夷感」？

說到夏威夷給人的印象，就是落在蔚藍海面上的陽光還有熱帶水果。堆得滿滿的打發鮮奶油當然也很重要，但在那之前，一定得先準備很多五顏六色的水果裝飾出華麗性才行。將鮮奶油確實打發維持高度，最後再點綴一朵蘭花，看起來就是奢華的夏威夷風格！

※ 夏威夷料理中時常用到的花，是蝴蝶蘭的一種。如果買得到食用花的話，也可以連花一起吃。

1 切水果（切好後用保鮮膜封起來冷藏降溫）

1 切下草莓的蒂頭。

2 直切成兩半。

3 香蕉剝皮後切成圓片。

2 混合麵糊

\ AFTER /

1 將混合過篩的低筋麵粉、無鋁泡打粉、上白糖，放入一個大的調理盆中。

2 在另一個調理盆中打入雞蛋，放進鮮奶、無糖原味優格後充分拌勻。

3 在 **1** 的調理盆中，分次少量倒入 **2** 的液態材料混合均勻，直到沒有粉末顆粒。

4 製作打發鮮奶油

5 盛盤

1 在調理盆裡放入鮮奶油、細砂糖、香草精，用電動攪拌器打發到舉起攪拌棒時前端有小尖角。

2 將打發鮮奶油裝入裝好花嘴的擠花袋中。

1 在盤子的中間稍微靠旁邊的地方，疊上三片鬆餅。

4 芒果削皮去籽，切成 2cm 的方塊。

5 紅龍果直接對半切後剝皮，將果肉切成容易入口的大小。

6 柳橙直接帶皮切成船型片。

③ 煎鬆餅

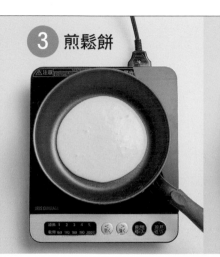

1 開小火或是設定溫度 160～170℃，在預熱好的平底鍋中倒入一片量的麵糊（全部的三分之一）。

2 等表面出現一顆顆的小凹洞時翻面。

3 用小火或維持 160～170℃ 煎 3～4 分鐘，用竹籤戳中心確認熟度。如果沒有沾黏麵糊就可以取出，再繼續煎剩下的鬆餅。

✦魔法✦
Point

2 鬆餅旁邊先擺好柳橙，再擺上其他切好的水果和藍莓。最後在旁邊以螺旋狀擠一團高高的打發鮮奶油。

3 在鬆餅整體薄薄撒上一層糖粉，看起來就很好吃。

4 最後放蘭花和薄荷葉點綴，附上楓糖漿就完成了。

鮮奶油 & 巧克力香蕉鬆餅

變化版

P29 〜
滿滿鮮奶油 & 水果
夏威夷風鬆餅
的變化版

巧克力和香蕉是甜點控心中的王道組合。沒有酸味，對不耐酸的人來説也很順口。再搭配上香草冰淇淋，濃厚的美味在口中爆發開來。

材料（直徑 20 cm ／ 3 片／ 1 盤）

◎ 鬆餅麵糊
　低筋麵粉 ⋯⋯ 180g
　無鋁泡打粉 ⋯⋯ 5g
　上白糖 ⋯⋯ 30g
　雞蛋 ⋯⋯ 1 顆
　鮮奶 ⋯⋯ 150㎖
　無糖原味優格 ⋯⋯ 50g

◎ 打發鮮奶油
鮮奶油 ⋯⋯ 100㎖
細砂糖 ⋯⋯ 12g
香草精 ⋯⋯ 3 滴

◎ 配料
香蕉 ⋯⋯ 2 根
香草冰淇淋 ⋯⋯ 50g
巧克力醬（市售）⋯⋯ 3 大匙
糖粉 ⋯⋯ 少許
薄荷葉 ⋯⋯ 少許

前置準備

● 低筋麵粉、無鋁泡打粉、上白糖混合後過篩。
● 雞蛋、鮮奶、無糖原味優格在開始製作前 10 分鐘，從冰箱取出備用。
● 鮮奶油要打發前再從冰箱中取出。

作法

1 煎鬆餅。參考 P30 〜 31 的步驟 **2** 〜 **3**，煎出三片鬆餅。

2 製作打發鮮奶油。在調理盆裡放入鮮奶油、細砂糖、香草精，用電動攪拌器確實打發到舉起攪拌棒時前端會有小尖角。

3 將打發鮮奶油裝入裝好花嘴的擠花袋中。

4 香蕉剝皮，切成 0.2cm 的斜薄片（ **PHOTO 1** ）。

5 把三片鬆餅疊在盤子上。

6 用香蕉片在鬆餅上交錯排一個圈（ **PHOTO 2** ）。

7 中間放上香草冰淇淋後，擠上高高的打發鮮奶油。

8 淋上巧克力醬，撒上糖粉，再用薄荷葉點綴。

PHOTO 1

用刀刃薄的刀切水果會比較順手。

PHOTO 2

用大面積、切斜片的香蕉片鋪排在鬆餅上，會比直切的香蕉圖片更加穩固。

Q Hotcake 和 Pancake 哪裡不一樣？

以前在日本，cake 指的是冷的蛋糕，所以當鬆餅從海外傳入時，日本人便取了 hotcake 這個名稱來做區別。順帶一提，pancake 的「pan」是平底鍋的意思，因為是用平底鍋煎出來的蛋糕。兩種鬆餅的材料和作法都是一樣的，只有名稱不同而已。

紫薯醬鬆餅

衝擊視覺的強眼鬆餅。紫色醬汁使用顯色度高的紫薯製作，顏色自然鮮豔，在鬆餅的麵糊裡也加入同樣的紫薯粉，口感濕潤，就算淋上大量的醬汁也不會過甜，吃起來沒有負擔感。不僅適合當早餐，當點心更是大力推薦。

製作順序

1	2	3	4	5
切草莓	製作紫薯醬	混合麵糊	煎鬆餅	盛盤

材料（直徑 15 cm／3 片／1 盤）

◎ 配料
草莓 …… 2 顆
藍莓 …… 4 顆
覆盆子 …… 4 顆

◎ 紫薯醬
椰奶 …… 200㎖
紫薯粉 …… 25g
蜂蜜 …… 40g
玉米粉 …… 5g

◎ 鬆餅麵糊
┌ 低筋麵粉 …… 90g
│ 無鋁泡打粉 …… 3g
│ 細砂糖 …… 15g
│ 紫薯粉 …… 10g
└ 椰奶粉 …… 10g
┌ 雞蛋 …… ½ 顆
│ 鮮奶 …… 90㎖
└ 無糖原味優格 …… 25g

薄荷葉 …… 少許

前置準備

● 低筋麵粉、無鋁泡打粉、細砂糖、紫薯粉、椰奶粉混合後過篩。
● 雞蛋、鮮奶、無糖原味優格在開始製作前 10 分鐘，從冰箱取出備用。
● 所有水果確實洗淨並拭乾水氣。

詳細作法請看下一頁！

Q 怎麼樣才能做出溫和的甜度？

這裡是用細砂糖來做鬆餅麵糊，但如果想要更溫和的甜度，也推薦大家改成椰糖試試看。椰糖是用椰子的花蜜熬煮萃取而出，含有豐富的鈣、鎂等礦物質，有微微的甜度，不會有椰子獨特的香氣。

1 切草莓（切好後用保鮮膜封起來，和其他水果一起冷藏降溫）

用刀子劃
一個 V 字

魔法
Point

1 用刀子從草莓蒂頭右側，往中間斜劃大約 0.5cm 的一刀，左側也劃相同的一刀。

2 取下草莓的蒂頭。

3 將草莓有 V 字凹陷的地方轉向側面後，縱切對半成愛心草莓。光這樣就很可愛了。

3 混合麵糊

1 將混合過篩後的低筋麵粉、無鋁泡打粉、細砂糖、紫薯粉、椰奶粉，放到比較大的調理盆中。

2 在另一個調理盆中打入雞蛋，倒入鮮奶、無糖原味優格後，充分拌勻。

3 在 **1** 的調理盆中，分次少量倒入 **2** 的液態材料混合均勻。

4 攪拌均勻至沒有粉末顆粒為止。

② 製作紫薯醬

1 在鍋中加入紫薯醬的所有材料後，充分攪拌混合。

2 等到粉類溶解、開始變色後，轉小火。

3 變得濃稠後再煮2分鐘左右，就可以放到常溫下冷卻。

④ 煎鬆餅　　　　　　　　　　　　⑤ 盛盤

1 開小火或是設定溫度160～170℃後，在預熱好的平底鍋中倒入一片量的麵糊（全部的三分之一）。

2 等表面出現一顆顆的小凹洞時翻面。

3 用小火或維持160～170℃煎3～4分鐘，用竹籤戳中心確認熟度。如果沒有沾黏麵糊就可以取出，再繼續煎剩下的鬆餅。

1 將三片鬆餅疊放在盤子上，大量淋上紫薯醬。在旁邊擺上水果、裝飾薄荷葉就完成了。

肉桂蘋果翻轉鬆餅

肉桂蘋果翻轉鬆餅的靈感來自「翻轉蛋糕」。翻轉蛋糕是將水果鋪在蛋糕模具底部，烤好後翻過來，讓水果朝上盛盤的蛋糕。這個原本要花時間用烤箱慢慢烤出來的蛋糕，只要換成鬆餅就能在短時間內完成。而好吃的祕訣就是將蘋果徹底裹上焦糖！

製作順序

| 1 切蘋果 | 2 混合麵糊 | 3 煎鬆餅 | 4 盛盤 |

材料（直徑 18 cm／1 片／1 盤）

蘋果 ⋯⋯ 1 顆
鹽水（水 400㎖：鹽 ½ 小匙）⋯⋯ 400㎖

◎ **鬆餅麵糊**
　低筋麵粉 ⋯⋯ 60g
　無鋁泡打粉 ⋯⋯ 2g
　上白糖 ⋯⋯ 15g
　雞蛋 ⋯⋯ ½ 顆
　鮮奶 ⋯⋯ 50㎖

◎ **配料**
細砂糖 ⋯⋯ 25g
無鹽奶油 ⋯⋯ 15g
肉桂粉 ⋯⋯ 5g
香草冰淇淋 ⋯⋯ 50g
薄荷葉 ⋯⋯ 少許

前置準備

- 低筋麵粉、無鋁泡打粉、上白糖混合後過篩。
- 雞蛋、鮮奶在開始製作前 10 分鐘，從冰箱取出備用。
- 混合好鹽水備用。
- 無鹽奶油放到耐熱容器中，放入 600W 的微波爐中加熱 20 秒融化。

詳細作法請看下一頁！

Q 什麼是焦糖化？

焦糖化指的是將糖融解到焦糖般的狀態，讓糖產生焦色、香氣、些微苦味，可以做出大人口味的甜點。很多人在幫蘋果焦糖化時，會出現表面燒焦但裡面半生的問題，大部分的原因都是出在火力太大或是平底鍋材質上。當然不只是焦糖蘋果，在製作鬆餅時也一樣，平底鍋最好選擇有點厚度和重量的款式，這種的保溫度才夠，可以均勻受熱，對初學者來說比較容易成功。

① 切蘋果

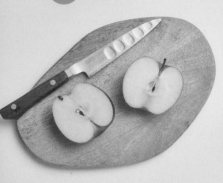  

1 將蘋果直切對半。

2 切下果核。

3 連皮切成 0.2cm 左右的薄片。

2 在另一個調理盆中打入雞蛋、倒入鮮奶後拌勻。

3 將 **2** 的液態材料分次少量倒入 **1** 的調理盆中，一邊攪拌混合。

4 攪拌到沒有粉末顆粒感為止。

魔法 Point

4 打開鍋蓋，在蘋果表面撒一層細砂糖、淋上融化奶油。這樣可以讓蘋果變得更好吃。

5 用鍋鏟將鬆餅翻面後，蓋上蓋子用小火或 160～170℃的溫度燜煎 2 分鐘。

6 掀開鍋蓋，維持同樣溫度煎 4～5 分鐘，過程中不時晃動一下平底鍋。

4 浸泡鹽水 5 分鐘。

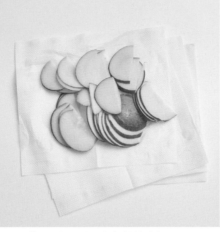

5 放在廚房紙巾上拭乾水氣。

② 混合麵糊

1 將混合過篩後的低筋麵粉、無鋁泡打粉、上白糖,放入較大的調理盆中。

③ 煎鬆餅

1 開小火或是設定 160〜170℃ 的溫度後,將麵糊倒入預熱好的平底鍋中。

2 將蘋果片排列到麵糊表面上。

3 蓋上蓋子燜煎 3 分鐘。

7 用竹籤戳刺確認熟度,熟了之後倒扣讓蘋果面朝上盛盤。

④ 盛盤

1 在表面撒上肉桂粉後,放上香草冰淇淋和薄荷葉裝飾。

> 變化版
>
> P39 ～
> 肉桂蘋果翻轉鬆餅
> 的變化版

鳳梨椰子翻轉鬆餅

鳳梨是代表性的熱帶水果之一。香甜味美的新鮮鳳梨因為水分很多，不太適合用在煎烤的甜點上，因此我改用罐頭鳳梨來克服這個問題。恰到好處的糖分，用來焦糖化剛剛好。

材料（直徑 20 cm／1 片／1 盤）

鳳梨（罐頭）……½ 罐

◎ 鬆餅麵糊
```
低筋麵粉 …… 60g
無鋁泡打粉 …… 2g
上白糖 …… 15g
```
```
雞蛋 …… ½ 顆
鮮奶 …… 50㎖
```

◎ 配料
椰子粉 …… 25g
細砂糖 …… 15g
無鹽奶油 …… 15g
薄荷葉 …… 少許

前置準備

- 低筋麵粉、無鋁泡打粉、上白糖混合後過篩。
- 雞蛋、鮮奶在開始製作前 10 分鐘，從冰箱取出備用。
- 無鹽奶油放到耐熱容器中，放入 600W 的微波爐中加熱 20 秒融化。

作法

1 將鳳梨片的水分拭乾，從側面對半切成 0.2 ～ 0.3cm 左右的圓片。

2 參考 P40 ～ 41 的步驟 ❷，混合好鬆餅麵糊。

3 開小火或是設定 160 ～ 170℃的溫度後，將麵糊倒入預熱好的平底鍋中。

4 在麵糊表面鋪上鳳梨片後，蓋鍋蓋燜煎 3 分鐘（ PHOTO 1 ）。

5 掀開鍋蓋，在鳳梨片上撒 1 大匙椰子粉和細砂糖（ PHOTO 2 ）。

6 接著再淋上融化奶油。

7 用鍋鏟將鬆餅翻面後，煎 2 分鐘左右。

8 一邊輕輕晃動平底鍋，一邊續煎 4 ～ 5 分鐘。

9 用竹籤戳刺確認鬆餅的熟度。熟了之後倒扣取出，讓鳳梨面朝上。

10 將鬆餅放在盤子上後，撒上剩下的椰子粉和擺上薄荷葉裝飾。

Q 新鮮鳳梨不適合做甜點嗎？

新鮮的鳳梨多汁又好吃，但也因為水分很多，反而容易影響成果。而且鳳梨裡有一種叫做「蛋白酶」的酵素會分解蛋白質，導致膠質無法凝固。罐頭鳳梨則因為經過加熱處理，裡頭的酵素已經失去作用。如果要製作烘烤的甜點或果凍的話，不妨試試看罐頭鳳梨吧。

PHOTO 1

把切成圓片的鳳梨排得漂漂亮亮的，煎好後非常可愛。

PHOTO 2

細砂糖有點結塊也沒關係，煎熱融解後就會散開了。

栗子核桃軟綿綿蒙布朗鬆餅

將鬆餅做成高人氣的蒙布朗風味。濃郁的栗子鮮奶油，利用市售的糖漬栗子醬就能輕鬆做出來。鬆餅本體也以雞蛋分開打發的方式，做出強調軟綿感的升級口感。混著濃厚的栗子鮮奶油一口吃下，簡直和甜點師做出來的高級蛋糕沒兩樣。一定要試試看！

製作順序

1 製作栗子鮮奶油 → 2 混合麵糊 → 3 打發蛋白完成麵糊 → 4 煎鬆餅 → 5 盛盤

材料（直徑 20 cm／3 片／1 盤）

鮮奶油 ⋯⋯ 50mℓ
細砂糖 ⋯⋯ 5g
糖漬栗子醬（市售）⋯⋯ 100g

◎ 鬆餅麵糊
┌ 低筋麵粉 ⋯⋯ 80g
│ 無鋁泡打粉 ⋯⋯ 3g
└ 上白糖 ⋯⋯ 15g
┌ 雞蛋 ⋯⋯ 1 顆
│ 鮮奶 ⋯⋯ 80mℓ
└ 無糖原味優格 ⋯⋯ 25g

◎ 配料
栗子甘露煮（市售，切成四等分）⋯⋯ 2 顆
核桃（切成四等分）⋯⋯ 2 顆
糖粉 ⋯⋯ 少許
薄荷葉 ⋯⋯ 少許

前置準備

- 低筋麵粉、無鋁泡打粉、上白糖混合後過篩。
- 鮮奶、無糖原味優格在開始製作前 10 分鐘，從冰箱取出備用。
- 雞蛋分成蛋黃和蛋白，蛋白在打發前都先放在冰箱冷藏。
- 鮮奶油在使用前都先放在冰箱冷藏。

詳細作法請看下一頁！

Q 怎麼讓鬆餅吃起來更蓬鬆軟綿？

雖然基礎鬆餅的口感也會受到麵粉影響，但這必須不斷嘗試才知道差別。如果想要立刻做出鬆軟的鬆餅，可以把雞蛋的蛋黃和蛋白分開，將蛋白打成蛋白霜。只要在麵糊中加入蛋白霜，就會變得非常鬆軟，雖然還不到舒芙蕾鬆餅的程度，但已經是很軟綿的口感。

1 製作栗子鮮奶油

1 在調理盆裡放入細砂糖和鮮奶油，用電動攪拌器打發到舉起攪拌棒時，鮮奶油前端會出現小尖角。

2 在另一個調理盆中放入糖漬栗子醬，再加入一半的打發鮮奶油拌勻。

3 將栗子鮮奶油裝入裝有花嘴的擠花袋中。

3 打發蛋白，完成麵糊

3 將**2**的液態材料分次少量倒入**1**的調理盆中，混合成麵糊。

1 在裝蛋白的調理盆底下墊一盆冰水。

2 用電動攪拌器打發到舉起攪拌棒時，蛋白霜前端有小尖角，完成蛋白霜。

5 盛盤

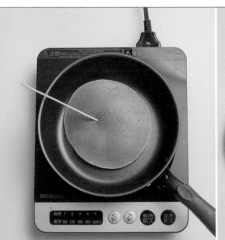

3 用小火或維持160～170℃煎3～4分鐘，用竹籤戳刺確認熟度後取出，再繼續煎剩下的鬆餅。

1 把三片鬆餅都疊到盤子上。

2 用栗子鮮奶油擠滿鬆餅表面。

4 另一半的打發鮮奶油也另外裝入裝有花嘴的擠花袋中。

2 混合麵糊

1 將混合過篩的低筋麵粉、無鋁泡打粉、上白糖放入一個大的調理盆中。

2 在另一個調理盆中,放入蛋黃、鮮奶、無糖原味優格後,充分拌勻。

魔法
Point

3 將蛋白霜放入麵糊中,快速攪拌均勻。

4 煎鬆餅

1 開小火或是設定溫度 160〜170℃,在預熱好的平底鍋中倒入一片量的麵糊(全部的三分之一)。

2 等表面出現一顆顆的小凹洞時翻面。

3 中間擠上一團打發鮮奶油。

4 放上栗子甘露煮,再撒上核桃、糖粉,裝飾薄荷葉就完成了。

變化版

P45～
栗子核桃軟綿綿
蒙布朗鬆餅
的變化版

南瓜鮮奶油鬆餅

融合南瓜自然濃郁甜味的南瓜鮮奶油，和鬆餅以外的布丁、冰淇淋等甜點也很搭。拌入一點果乾，塗抹在麵包上，更是另一個層次的美味！

材料（直徑 15 cm ／ 3 片／ 1 盤）

南瓜 ⋯⋯ 200g
鮮奶油 ⋯⋯ 100ml
細砂糖 ⋯⋯ 25g

◎ 鬆餅麵糊
低筋麵粉 ⋯⋯ 80g
無鋁泡打粉 ⋯⋯ 3g
上白糖 ⋯⋯ 15g
雞蛋 ⋯⋯ 1 顆
鮮奶 ⋯⋯ 80ml
無糖原味優格 ⋯⋯ 25g

◎ 配料
可可粉 ⋯⋯ 少許
南瓜籽 ⋯⋯ 少許
葡萄乾 ⋯⋯ 少許

前置準備

● 低筋麵粉、無鋁泡打粉、上白糖混合後過篩。
● 鮮奶、無糖原味優格在開始製作前 10 分鐘，從冰箱取出備用。
● 雞蛋分成蛋黃和蛋白，蛋白在打發前都先放在冰箱冷藏。
● 鮮奶油在使用前都先放在冰箱冷藏。

Q 南瓜泥怎麼做出綿滑的口感？

南瓜是纖維很多的蔬菜，光是煮熟壓泥不會有滑順口感。因為煮好的南瓜放冷會變硬，最好趁熱將南瓜泥過篩。只要多做到這一點，就能夠獲得完美的滑順南瓜泥。

作法

1 首先製作南瓜鮮奶油。將南瓜切成一口大小後，放入鍋中，加水到差不多淹過南瓜後，開中火煮 5 分鐘。

2 用竹籤戳刺南瓜，如果可以輕易穿透，就可以用濾網撈起來。保留少許南瓜當配料裝飾，其他剝好皮後放入調理盆中，用壓泥器等壓成泥後過篩，放入冰箱冷藏。

3 在另一個調理盆中放入鮮奶油和細砂糖，用電動攪拌器打發到舉起攪拌棒時，鮮奶油前端有短短的小尖角，即做出打發鮮奶油。

4 將三分之二的打發鮮奶油加入裝南瓜泥的調理盆中，充分混合成南瓜鮮奶油。

5 接著把南瓜鮮奶油以及剩餘的打發鮮奶油，個別裝入裝有花嘴的擠花袋中。

6 接下來煎鬆餅。參考 P46 ～ 47 的步驟 **2** ～ **4**，做出三片鬆餅。

7 將三片鬆餅疊在盤子上（ PHOTO 1 ）。

8 鬆餅整體擠上滿滿的南瓜鮮奶油（ PHOTO 2 ）。

9 正中間擠上高高一團打發鮮奶油，再用步驟 **2** 預留的南瓜丁裝飾，撒上可可粉、南瓜籽和葡萄乾即完成。

PHOTO 1

三片鬆餅疊放時稍微錯開，擠南瓜鮮奶油時就不會直接掉到盤子上，側面也擠得到。

PHOTO 2

這張圖是以同方向來回擠鮮奶油，也可以用畫圓的方式擠。

蜂蜜堅果
煎香蕉濕潤鬆餅

鬆餅以煎得焦香的香蕉相佐，加上甜度柔和的蜂蜜堅果，堆疊出豐富層次。這款鬆餅中添加了豆腐，讓口感更加濕潤柔軟，就算放一陣子也不會變硬，很適合當成隔天的早餐，搭配湯品或是沙拉也很對味。

製作順序

1	2	3	4	5
混合麵糊	煎鬆餅	切香蕉	煎香蕉	盛盤

材料（直徑 20 cm／2 片／1 盤）

◎ 蜂蜜堅果
蜂蜜 ⋯⋯ 100㎖
綜合堅果 ⋯⋯ 50g

◎ 鬆餅麵糊
┌ 低筋麵粉 ⋯⋯ 90g
│ 無鋁泡打粉 ⋯⋯ 3g
└ 上白糖 ⋯⋯ 15g
┌ 雞蛋 ⋯⋯ ½ 顆
│ 絹豆腐 ⋯⋯ 50g
│ 鮮奶 ⋯⋯ 50㎖
└ 無鹽奶油① ⋯⋯ 10g

◎ 配料
香蕉 ⋯⋯ 2 根
無鹽奶油② ⋯⋯ 30g
焦糖醬（市售）⋯⋯ 2 大匙
薄荷葉 ⋯⋯ 少許

前置準備

- 製作蜂蜜堅果。在容器中放入蜂蜜和綜合堅果，混合均勻後靜置一個晚上即可。
- 低筋麵粉、無鋁泡打粉、上白糖混合後過篩。
- 雞蛋、絹豆腐、鮮奶在開始製作前 10 分鐘，從冰箱中取出備用。
- 將無鹽奶油①放到耐熱容器中，放入 600W 的微波爐中加熱 20 秒融化。

詳細作法請看下一頁！

Q 麵糊中加入豆腐會變成怎樣？

在麵糊中混合豆腐，可以做出更加濕潤的口感。使用的豆腐種類一定要是絹豆腐 *，但如果用板豆腐的話，很容易殘留結塊，做不出滑順的感覺。另外，絹豆腐在使用之前，不需要先去除水分。

※ 日本的絹豆腐質地細膩、含水量高，台灣現在也有賣絹豆腐，但不算普遍，可以用相似的嫩豆腐取代。

1 混合麵糊

1 將混合過篩的低筋麵粉、無鋁泡打粉、上白糖，放入較大的調理盆中。

2 在另一個調理盆中，加入雞蛋、絹豆腐、鮮奶，充分混合。

3 將 **2** 的液態材料分次少量加入 **1** 的調理盆中，均勻混合至滑順。

3 切香蕉

4 煎香蕉

魔法
Point

1 香蕉剝皮後，縱切成一半，小心不要破壞香蕉外型。利用香蕉的長度，可以讓鬆餅看起來更豪華。

1 在平底鍋中放入無鹽奶油②，開中火等奶油融化後，將香蕉切面朝下放入鍋中。

2 一邊煎一邊稍微推動香蕉，大約 2 分鐘後翻面，再煎 1 分鐘左右即可。

2 煎鬆餅

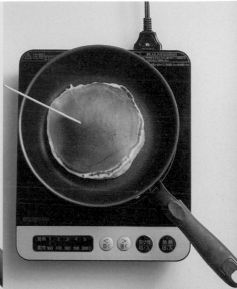

4 加入融化的無鹽奶油①拌勻。

1 開小火或是設定溫度 160～170℃，在預熱好的平底鍋中倒入一片量的麵糊（全部的二分之一）。

2 等表面出現一顆顆小凹洞時翻面。維持小火或 160～170℃ 續煎 3～4 分鐘，再用竹籤戳刺確認熟度。如果沒有沾黏麵糊就可以取出，再煎另一片鬆餅。

5 盛盤

1 將兩片鬆餅稍微交錯地疊到盤子上。

2 在鬆餅上擺放煎好的香蕉，再淋上焦糖醬。

3 整體撒上蜂蜜堅果後，加上薄荷葉裝飾就完成了。

水果三明治鬆餅

「繽紛的切面非常可愛！拍照很好看！」在女性間人氣超高的水果三明治，在這裡用綿密鬆軟的鬆餅取代吐司，混合打發鮮奶油和水果的酸甜，加上滑順的卡士達醬重現出來。組裝時也可以把配料放在鬆餅上，做成開放式三明治。

製作順序

| 1 製作卡士達醬 | 2 切水果 | 3 混合麵糊 | 4 煎鬆餅 | 5 製作打發鮮奶油 | 6 組裝 |

詳細作法請看下一頁！

材料（直徑 12 cm／ 6 片／ 3 個三明治）

◎ 卡士達醬
鮮奶 …… 400㎖
細砂糖① …… 70g
蛋黃 …… 3 顆
玉米粉 …… 30g

◎ 水果
草莓 …… 6 顆
香蕉 …… 1 根
黃桃（罐頭）…… 1 罐
綠奇異果 …… 2 顆

◎ 鬆餅麵糊
┌ 低筋麵粉 …… 180g
│ 無鋁泡打粉 …… 5g
└ 上白糖 …… 30g
┌ 雞蛋 …… 1 顆
│ 鮮奶 …… 150㎖
└ 無糖原味優格 …… 50g

◎ 打發鮮奶油
鮮奶油 …… 200㎖
細砂糖② …… 25g
香草精 …… 3 滴

前置準備

● 低筋麵粉、無鋁泡打粉、上白糖混合後過篩。
● 雞蛋、鮮奶、無糖原味優格在開始製作前 10 分鐘，從冰箱取出備用。
● 水果充分洗淨後拭乾水氣。
● 鮮奶油在使用前都先放在冰箱冷藏。

Q 如何做出漂亮的切面？

想要有漂亮的切面，水果的排列和切法很重要。先決定好要切的位置，把水果比較厚的地方集中在那裡，交錯不同顏色排列。排好用鬆餅夾起來後，包上保鮮膜靜置 10 分鐘左右定型再切。刀子盡可能挑刀刃薄的，先泡熱水後擦乾再切。如果一次切比較多個，刀上沾到鮮奶油時，一定要先擦乾淨再繼續切，才能切得乾淨漂亮。

這樣的切面很漂亮！

切的位置

1 製作卡士達醬

1 鍋中加入鮮奶、細砂糖①，用小火煮到細砂糖溶化後，關火。

2 將蛋黃、玉米粉放入調理盆中，攪拌均勻。

3 把 **1** 的材料分次少量加入 **2** 的調理盆中，拌勻。

2 切水果

（切好後封保鮮膜，冷藏降溫）

1 草莓切下蒂頭。香蕉剝皮後對半切。黃桃擦乾後對半切。奇異果去皮後縱切成兩半。

3 混合麵糊

1 將混合過篩的低筋麵粉、無鋁泡打粉、上白糖，放入較大的調理盆中。

2 在另一個調理盆中，放入雞蛋、鮮奶、無糖原味優格，拌勻。

5 製作打發鮮奶油

1 調理盆中放入鮮奶油、細砂糖②、香草精，用電動攪拌器打發到舉起攪拌棒時前端有小尖角。

2 將打發鮮奶油裝入裝有花嘴的擠花袋中。

6 組裝

✦ 魔法 ✦
Point

1 取一片鬆餅，依序放上打發鮮奶油、水果、卡士達醬。水果的排列方式很重要。

4 接著一邊過篩一邊倒回鍋中。

5 開中火，攪拌到出現稠度後，轉小火。繼續煮到開始冒出小泡泡時，再煮約 1 分鐘。

6 整體呈濃稠的質地後，關火，稍微靜置放涼後冷藏。

3 接著將 **2** 的液態材料分次少量倒入 **1** 的盆中，攪拌到沒有粉末顆粒即可。

4 煎鬆餅（煎六片）

1 開小火或是設定溫度 160～170℃，在預熱好的平底鍋中倒入麵糊，做出直徑約 12cm 左右的圓。等表面開始冒出小凹洞後翻面。

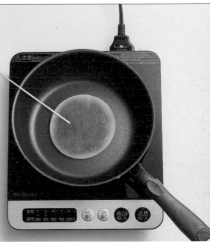

2 維持小火或 160～170℃續煎3～4分鐘，再用竹籤戳刺確認熟度。如果沒有沾黏麵糊就可以取出，再煎其他片鬆餅。

2 在卡士達醬上方，再擠上一圈打發鮮奶油。

3 疊上另一片鬆餅即可。依照相同方式做出其他三明治。

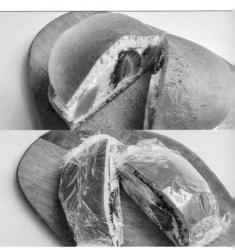

4 為了呈現漂亮的切面，請讓切面落在水果最厚的位置。先用保鮮膜包起來再切，比較不會變形。

鬆餅巧克力聖代

變化版

P55 ～
水果三明治鬆餅
的變化版

喜歡甜點的人，絕對要試一次這款鬆餅聖代。只是把喜歡的元素統統放進去而已，看起來就是超級豪華的咖啡廳甜點，挖出來的每一口都是驚喜。上面用市售的餅乾或是巧克力米點綴，輕鬆就完成美麗裝飾！

材料（直徑 13 cm ／ 2 片／ 2 人份）

◎ 鬆餅麵糊

```
低筋麵粉 …… 90g
無鋁泡打粉 …… 2g
上白糖 …… 15g
```
```
雞蛋 …… ½ 顆
鮮奶 …… 75㎖
無糖原味優格 …… 25g
```

香蕉 …… 1 根
綠奇異果 …… 1 顆

◎ 打發鮮奶油

鮮奶油 …… 200㎖
細砂糖 …… 25g
香草精 …… 3 滴

◎ 配料

巧克力醬 …… 6 大匙
香草冰淇淋 …… 100g
巧克力餅乾 …… 4 片
藍莓 …… 3 顆
彩色巧克力米 …… 1 大匙
裝飾用格子鬆餅 …… 2 片
薄荷葉 …… 少許

前置準備

- 低筋麵粉、無鋁泡打粉、上白糖混合後過篩。
- 雞蛋、鮮奶、無糖原味優格在開始製作前 10 分鐘，從冰箱取出備用。
- 水果充分洗淨後拭乾水氣。
- 鮮奶油在使用前都先放在冰箱冷藏。

作法

1 煎鬆餅。參考 P56 ～ 57 的步驟 **3** ～ **4**，煎出兩片鬆餅後，切成容易入口的大小。

2 香蕉剝皮後，先橫切一半，再對半縱切。（ PHOTO 1 ）。

3 奇異果去皮後縱切成四等分（ PHOTO 2 ）。

4 製作打發鮮奶油。在調理盆裡放入鮮奶油、細砂糖、香草精，用電動攪拌器打到舉起攪拌棒時，鮮奶油前端有小尖角。

5 將打發鮮奶油裝入裝有花嘴的擠花袋中。

6 接下來組裝聖代。在玻璃杯中先擠 1 大匙巧克力醬，再擠上打發鮮奶油、放入鬆餅（ PHOTO 3 ）。

7 接著再擠上打發鮮奶油，放入鬆餅、香蕉、奇異果、香草冰淇淋。

8 沿著玻璃杯壁插入鬆餅，擠上打發鮮奶油，插入巧克力餅乾。

9 再放上香蕉、奇異果、藍莓，撒一點彩色巧克力米，插入裝飾用格子鬆餅，點綴薄荷葉即完成。

PHOTO 1

香蕉剝皮後，先橫切一半，再直切一半。

PHOTO 2

奇異果去皮後，直切成四等分。

PHOTO 3

將鬆餅和水果都分成兩份，一份放裡面，一份放上面裝飾。

Q 鬆餅變得又乾又粗糙，有還原口感的方法嗎？

不小心煎太久的鬆餅，很容易變得太乾，而且放一下就變硬，這是常有的事。可以噴一些水潤濕後，稍微微波加熱做急救。一片鬆餅大約用 500W 加熱 40 秒左右，就可以恢復濕潤。或者，做成這款鬆餅聖代也很不錯，可以讓鬆餅改頭換面！這款聖代只要用剩下的鬆餅就能做出來，快把這個方便的技巧學起來吧。

巧克力夾心
棉花糖鬆餅

烤到融化的棉花糖，沒有人拒絕得了！把煎好的鬆餅放入烤箱烘烤後，夾在中心的巧克力會熱騰騰地化開來，與表面的一顆一顆棉花糖相融。巧克力夾心棉花糖還有一個叫「S'MORE」的名字，意思是「Some more（再來一塊！）」真的，讓人一吃就停下下來。

製作順序

1	2	3	4
混合麵糊	煎鬆餅	製作配料	烤箱烘烤

材料（直徑 18 cm ／ 1 片／ 1 鍋）

◎ 鬆餅麵糊
┌ 低筋麵粉 …… 90g
│ 無鋁泡打粉 …… 2g
└ 上白糖 …… 15g
┌ 雞蛋 …… ½ 顆
│ 鮮奶 …… 80㎖
└ 無糖原味優格 …… 25g

◎ 配料
板巧克力 …… 1 片
棉花糖 …… 60g
糖粉 …… 少許

前置準備

● 低筋麵粉、無鋁泡打粉、上白糖混合後過篩。
● 雞蛋、鮮奶、無糖原味優格在開始製作前 10 分鐘，從冰箱取出備用。
● 烤箱預熱到 200℃。

詳細作法請看下一頁！

Q 沒有大烤箱就沒辦法做嗎？

一般烤吐司用的陽春小烤箱就可以了。但可能放不下一整個鑄鐵平底鍋，必須改用其他耐熱容器或是焗烤盤盛裝，如果還是不行，可以這樣做——把鋁箔紙疊兩層，折成放得進去的大小後鋪在烤盤上，就可以放上鬆餅了。之後按照同樣的步驟疊放配料，目測一下烘烤的程度，讓棉花糖有點焦痕就 OK 了！

① 混合麵糊

1 將混合過篩的低筋麵粉、無鋁泡打粉、上白糖,放入較大的調理盆中。

2 在另一個調理盆中,放入雞蛋、鮮奶、無糖原味優格,拌勻。

3 接著將 **2** 的液態材料分次少量倒入 **1** 的盆中,充分混合。

③ 製作配料

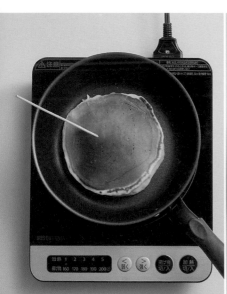

3 維持小火或160～170℃續煎3～4分鐘後,用竹籤戳刺確認熟度,沒有沾黏麵糊即可取出。

1 將煎好的鬆餅放到鑄鐵平底鍋中(或其他耐熱容器)。

2 一邊將板巧克力剝小塊,一邊擺到鬆餅上。

② 煎鬆餅

4 攪拌到質地均勻、沒有粉末顆粒感即可。

1 開小火或是設定溫度 160〜170℃，在預熱好的平底鍋中倒入麵糊。

2 麵糊表面開始冒出小凹洞後翻面。

④ 烤箱烘烤

魔法 Point

3 接著在上層鋪滿棉花糖後，撒一層糖粉，可烤出外層焦糖薄脆、中間棉花糖流餡的口感。

\ BEFORE /

\ AFTER /

1 放入預熱至 200℃ 的烤箱中，維持同溫度烤 10 分鐘左右。

2 等表面烤到上色後，就可以出爐了。

四起司鬆餅披薩

以濃厚的四種起司醞釀出的高人氣披薩，也能做成鬆餅版本！為了和起司的口味更契合，麵糊改以米粉製作，打造出Q彈的口感。烤好後淋上蜂蜜，襯托出起司的香氣，讓食欲蠢蠢欲動。也可以再撒些許黑胡椒，加一點衝擊性的味蕾刺激。

製作順序

1	2	3	4
混合麵糊	煎鬆餅	製作配料	烤箱烘烤

材料（直徑 20 cm／ 2 片）

◎ 鬆餅麵糊

- 米粉 ⋯⋯ 100g
- 無鋁泡打粉 ⋯⋯ 5g
- 細砂糖 ⋯⋯ 10g
- 鹽 ⋯⋯ 1 小撮
- 雞蛋 ⋯⋯ 1 顆
- 鮮奶 ⋯⋯ 100㎖
- 橄欖油 ⋯⋯ 1 大匙

◎ 配料

埃文達起司 ⋯⋯ 50g
切達起司 ⋯⋯ 50g
藍紋起司 ⋯⋯ 50g
帕瑪森起司 ⋯⋯ 30g
蜂蜜 ⋯⋯ 2 大匙
黑胡椒（依喜好） ⋯⋯ 少許

前置準備

- 將米粉、無鋁泡打粉、細砂糖、鹽混合後過篩。
- 雞蛋、鮮奶在開始製作前 10 分鐘，從冰箱取出備用。
- 烤箱預熱到 200℃。

詳細作法請看下一頁！

Q 用米粉做的麵糊和低筋麵粉有什麼差別？

相較於蓬鬆柔軟的低筋麵粉，米粉做出來的鬆餅會比較濕潤厚實，烤好後咬起來帶有彈性。因為米粉是用米做成的粉，水分含量高於麵粉，添加液態材料的時候，建議一邊觀察麵糊的狀態，一邊分次少量加入。另外，米粉鬆餅放久了容易變硬，所以會在麵糊裡加橄欖油或融化奶油，延長保濕度。

1 混合麵糊

1 將混合過篩的米粉、無鋁泡打粉、細砂糖、鹽，放入較大的調理盆中。

2 在另一個調理盆中，放入雞蛋、鮮奶、橄欖油後，拌勻。

3 接著將 **2** 的液態材料分次少量倒入 **1** 的盆中，充分混合。

3 製作配料

✨魔法✨
Point

3 維持小火或160〜170℃續煎3〜4分鐘後，用竹籤戳刺確認熟度，沒有沾黏麵糊即可取出，再煎下一片。

1 在烤盤上鋪一張烘焙紙後，放上煎好的鬆餅。

2 依序放上埃文達起司、切達起司、藍紋起司。

② 煎鬆餅

4 攪拌到質地均勻、沒有粉末顆粒感即可。

1 開小火或是設定溫度 160～170℃，在預熱好的平底鍋中倒入一半麵糊。

2 麵糊表面開始冒出小凹洞後翻面。

④ 烤箱烘烤

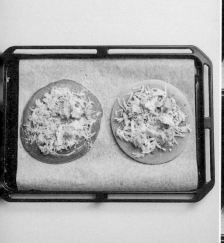

\ BEFORE /

\ AFTER /

3 最上面撒帕瑪森起司。

1 放入預熱至 200℃的烤箱中，維持同溫度烤 10 分鐘左右。

2 烤到起司融化後取出，淋上蜂蜜，再依喜好撒上少許黑胡椒就完成了。

變化版

P65 ～
四起司鬆餅披薩
的變化版

酪梨燻鮭魚鬆餅

酪梨搭配煙燻鮭魚和奶油乳酪，可稱得上是最強的黃金組合。添加芥末籽醬讓味道更有層次，是一款相當健康的正餐系鬆餅。將抹醬事先做好放冰箱，當成沙拉醬使用也非常方便。

材料（直徑 14 cm ／ 3 片／ 1 盤）

◎ 抹醬
奶油乳酪 …… 40g
美乃滋 …… 20g
鮮奶油 …… 40㎖
鹽① …… 1 小撮

◎ 鬆餅麵糊
┌ 米粉 …… 100g
│ 無鋁泡打粉 …… 5g
│ 細砂糖 …… 10g
└ 鹽② …… 1 小撮
┌ 雞蛋 …… 1 顆
│ 鮮奶 …… 100㎖
└ 橄欖油 …… 15g

◎ 配料
酪梨 …… 1 個
煙燻鮭魚 …… 50g
芥末籽醬 …… 10g
核桃（切碎）…… 2 顆
黑胡椒 …… 少許
檸檬百里香 …… 少許

前置準備

● 將所有粉類材料混合後過篩。
● 奶油乳酪、鮮奶油、雞蛋、鮮奶在開始製作前 10 分鐘，從冰箱取出備用。

作法

1 首先製作抹醬。在調理盆裡放入奶油乳酪後，先拌開到滑順。

2 加入美乃滋後，一邊攪拌一邊分次少量加入鮮奶油拌勻，再加入鹽①調味。

3 煎鬆餅。參考 P66 ～ 67 的步驟 **❶** ～ **❷**，煎出三片鬆餅。

4 酪梨直切剖半，去籽後剝皮，再直切成 0.2cm 厚度的薄片。

5 煙燻鮭魚切成容易入口的大小。

6 將三片鬆餅疊放在盤子中央後，周圍抹上抹醬（ PHOTO 1 ）。

7 把酪梨片排在鬆餅上方，在抹醬上放芥末籽醬（ PHOTO 2 ）。

8 煙燻鮭魚放到酪梨上方後，再隨意撒上核桃碎。

9 最後撒上黑胡椒，裝飾檸檬百里香即完成。

PHOTO 1

抹醬如上圖放到盤子上後，用湯匙背面壓住後，朝同一方向抹開。

PHOTO 2

酪梨切薄一點，放到鬆餅上比較不容易倒塌。

Q 為什麼當正餐的鬆餅也要做成甜的？

當然也可以依照喜好調整鬆餅的甜度，但沒有甜味、完全鹹的鬆餅其實並不好吃。我的鬆餅配方中添加的砂糖量，已經比市售鬆餅粉減少許多糖。帶有一點點甜度，反而可以和鹹味的醬或配料達到相乘效果，變得更美味。

水果鮮奶油鬆餅塔

做蛋糕很難,但做鬆餅感覺容易多了,對吧!而且疊成塔狀後,鬆餅反而比普通的蛋糕更能呈現華麗氛圍。
除了草莓之外,也可以用香蕉或芒果等其他當季水果,但如果是水分較多的種類,要記得先去除水分喔!

製作順序

1	2	3	4	5
切水果	混合麵糊	煎鬆餅	製作打發鮮奶油	盛盤

材料（直徑 12 cm／5 片／1 盤）

草莓 ⋯⋯ 10 顆
綠奇異果 ⋯⋯ 1 顆

◎ **鬆餅麵糊**
　低筋麵粉 ⋯⋯ 180g
　無鋁泡打粉 ⋯⋯ 5g
　上白糖 ⋯⋯ 30g
　雞蛋 ⋯⋯ 1 顆
　鮮奶 ⋯⋯ 150㎖
　無糖原味優格 ⋯⋯ 50g

◎ **打發鮮奶油**
鮮奶油 ⋯⋯ 200㎖
細砂糖 ⋯⋯ 25g
香草精 ⋯⋯ 3 滴

◎ **配料**
藍莓 ⋯⋯ 8 顆
薄荷葉 ⋯⋯ 少許

前置準備

- 低筋麵粉、無鋁泡打粉、上白糖混合後過篩。
- 雞蛋、鮮奶、無糖原味優格在開始製作前 10 分鐘,從冰箱取出備用。
- 水果充分洗淨後拭乾水氣。
- 鮮奶油在使用前都先放在冰箱冷藏。

詳細作法請看下一頁!

Q 做出漂亮鬆餅塔的關鍵是什麼?

首先最重要的,就是確實把鮮奶油打發到有小尖角的程度。如果鮮奶油不夠發,鬆餅塔很容易不穩。再來就是要先把鬆餅放冷再組裝,以及水果太多容易坍塌,所以夾在裡頭的水果適量就好,盤子上再盡情地大量裝飾。

切水果
（切好後用保鮮膜封起來，冷藏降溫）

 混合麵糊

1 其中一顆草莓切除蒂頭後，對半直切。其他切除蒂頭後，直切成四等分。

2 奇異果削皮後，切成約 1cm 大小的小丁。

1 將混合過篩的低筋麵粉、無鋁泡打粉、上白糖，放入大的調理盆中。

 煎鬆餅

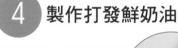 **製作打發鮮奶油**

1 開小火或是設定溫度 160～170℃，在預熱好的平底鍋中倒入直徑約 12cm 的麵糊（約全部的五分之一），煎到表面冒出小凹洞後翻面。

2 維持小火或 160～170℃續煎 3～4 分鐘後，用竹籤戳刺確認熟度，沒有沾黏麵糊即可取出，再煎剩下的四片。

1 在調理盆中放入鮮奶油、細砂糖、香草精，用電動攪拌器打發到舉起攪拌棒時，鮮奶油前端有小尖角的程度後，裝入裝有花嘴的擠花袋中。

2 在另一個調理盆中，放入雞蛋、鮮奶、無糖原味優格後，攪拌均勻。

3 將 **2** 的液態材料分次少量倒入 **1** 的盆中混合。

4 攪拌到質地均勻、沒有粉末顆粒感即可。

5 盛盤

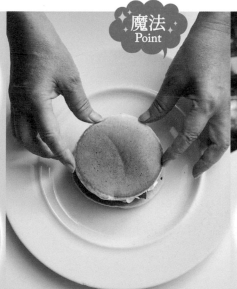

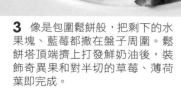

1 在盤子中間放一片鬆餅後，擠上打發鮮奶油，放上切小塊的草莓、奇異果，再擠上打發鮮奶油。

2 再疊一片鬆餅。依照同樣方式擠打發鮮奶油和疊放草莓、奇異果，完成五層的鬆餅塔。關鍵是每一層都要緊密疊在一起。

3 像是包圍鬆餅般，把剩下的水果塊、藍莓都撒在盤子周圍。鬆餅塔頂端擠上打發鮮奶油後，裝飾奇異果和對半切的草莓、薄荷葉即完成。

變化版
P71～
水果鮮奶油鬆餅塔
的變化版

聖誕樹鬆餅

以杉樹為靈感而誕生的聖誕樹鬆餅！如果只是用加了抹茶粉的麵糊烤出綠色鬆餅，那就太普通了，因此我刻意把綠色做在打發鮮奶油上。鬆餅、水果、綠色鮮奶油，妝點出滿滿的耶誕氛圍。

材料（直徑15cm、14cm、13cm、12cm、10cm、8cm/6片/1盤）

草莓 —— 8 顆
黃桃（罐頭）—— ¼ 罐

◎ **鬆餅麵糊**
┌ 低筋麵粉 —— 180g
│ 無鋁泡打粉 —— 5g
└ 上白糖 —— 30g
┌ 雞蛋 —— 1 顆
│ 鮮奶 —— 150㎖
└ 無糖原味優格 —— 50g

◎ **抹茶打發鮮奶油**
鮮奶油 —— 200㎖
細砂糖 —— 40g
抹茶粉① —— 8g

◎ **配料**
藍莓 —— 6 顆
抹茶粉② —— 4g
聖誕裝飾 —— 1 個

前置準備

● 低筋麵粉、無鋁泡打粉、上白糖混合後過篩。
● 雞蛋、鮮奶、無糖原味優格在開始製作前 10 分鐘，從冰箱取出備用。
● 水果充分洗淨後拭乾水氣。
● 鮮奶油在使用前都先放在冰箱冷藏。

Q 加抹茶粉會變苦嗎？

抹茶粉是抹茶的粉末，具有茶葉特殊的苦澀味，但這個味道會隨著含量改變。想要顏色綠一點，就需要多一點抹茶粉，此時只要同步把細砂糖的量增加，利用甜度來調節苦味就不用擔心了。

作法

1 取一顆草莓不切蒂頭，直接對半直切（裝飾用），其他草莓切除蒂頭後，直切成四等分。黃桃切成約 1cm 大小的丁狀（ PHOTO 1 ）。水果切好後封保鮮膜，放冰箱冷藏降溫。

2 煎鬆餅。參考 P72 ～ 73 的步驟 ❷ ～ ❸，做出從第一片到第六片，面積越來越小的六片鬆餅。

3 製作抹茶打發鮮奶油。在調理盆中放入鮮奶油、細砂糖、抹茶粉①，用電動攪拌器打發到舉起攪拌棒時，鮮奶油前端有小尖角（ PHOTO 2 ）。

4 將抹茶打發鮮奶油裝入裝有花嘴的擠花袋中。

5 將最大片的鬆餅放到盤上，擺上切小塊的草莓、黃桃後，擠上抹茶打發鮮奶油。

6 接著疊放第二大片的鬆餅，一樣放上草莓、黃桃，擠上抹茶打發鮮奶油。然後依照同樣方式，依序疊上其他四片鬆餅，最上層的鬆餅最小片。

7 在鬆餅頂端放上 1 個有蒂頭的切半草莓和 3 顆藍莓，其他放到盤上裝飾。

8 插入聖誕裝飾，接著在整體撒上抹茶粉②就完成了。

水果除了頂端裝飾的以外，切成小塊會比較好夾進去。

以杉樹為靈感的綠色鮮奶油，是帶有些許苦味的大人口味。

和鬆餅絕配的魔法鮮奶油！

入 口 即 化 的 打 發 鮮 奶 油 ， 是 成 就 鬆 餅 的 必 需 品 。

保留了奶油的濃厚，卻在嘴裡輕盈化開，打發鮮奶油是鬆餅不可或缺的元素。只要在奶油裡增添風味，即使鬆餅沒有任何配料，也能感受到味蕾的變化，變得豐富又華麗。而且除了鬆餅以外，搭配吐司、司康也非常對味，請務必嘗試看看！

| 鹽焦糖 | 原味 | 草莓 | 蜂蜜 |

用少許鹹味
完美襯托
鬆餅的甜度

加入大自然
溫和清甜的
樸實滋味

焦糖香氣中
隱約感受到
絕妙的微鹹

天然水果的
香氣和甜味
還有夢幻的
粉紅色澤

原味

材料

有鹽奶油 …… 100g
鮮奶油 …… 100㎖

作法

1 奶油在室溫下放置軟化後，放入調理盆中，用電動攪拌器攪拌到顏色變白。

2 在另一個調理盆中放入鮮奶油，用電動攪拌器攪拌到七分發。

3 將打好的鮮奶油一邊分次少量加入奶油的盆中，一邊拌勻即可。

蜂蜜

材料

無鹽奶油 …… 100g
鮮奶油 …… 100㎖
蜂蜜 …… 2 大匙

作法

1 奶油在室溫下放置軟化後，放入調理盆中，用電動攪拌器攪拌到顏色變白。

2 在另一個調理盆中放入鮮奶油，用電動攪拌器攪拌到七分發。

3 將打好的鮮奶油和蜂蜜一邊分次少量加入奶油的盆中，一邊攪拌均勻即可。

鹽焦糖

材料

有鹽奶油 …… 100g
鮮奶油 …… 100㎖
焦糖醬 …… 2 大匙

作法

1 奶油在室溫下放置軟化後，放入調理盆中，用電動攪拌器攪拌到顏色變白。

2 在另一個調理盆中放入鮮奶油，用電動攪拌器攪拌到七分發。

3 將打好的鮮奶油和焦糖醬一邊分次少量加入奶油的盆中，一邊攪拌均勻即可。

草莓

材料

無鹽奶油 …… 100g
鮮奶油 …… 100㎖
草莓果醬 …… 2 大匙

作法

1 奶油在室溫下放置軟化後，放入調理盆中，用電動攪拌器攪拌到顏色變白。

2 在另一個調理盆中放入鮮奶油，用電動攪拌器攪拌到七分發。

3 將打好的鮮奶油和草莓果醬一邊分次少量加入奶油的盆中，一邊拌勻即可。

PART
3

挑戰夢幻裝飾的鬆餅！

舒芙蕾鬆餅篇

已經熟練煎出基本的舒芙蕾鬆餅後，接著就來挑戰配料版本吧！
擁有溫和甜度和鬆軟口感的超人氣舒芙蕾鬆餅，
在本章節中也會詳細介紹各種裝飾的方式，
各位千萬別錯過讓鬆餅膨脹起來、華麗演出的魔法技巧！

SOUFFLÉ PANCAKE

楓糖漿舒芙蕾鬆餅

乍看熱量很高的舒芙蕾鬆餅，因為使用的麵粉量很少，反而比基礎鬆餅來得健康。當吃法越是簡單的時候，越能夠感受食材本身的味道。因此，稍微花一點錢，使用品質好的高級雞蛋來製作看看吧！

材料（直徑 15 cm／4 片／1 盤）

◎ 基底麵糊

蛋黃 …… 2 顆

細砂糖① …… 25g

鮮奶 …… 2 大匙

低筋麵粉 …… 55g

無鋁泡打粉 …… 2.5g

◎ 蛋白霜

蛋白 …… 4 顆

細砂糖② …… 25g

檸檬汁 …… 4 滴

無鹽奶油 …… 15g

◎ 配料

楓糖漿 …… 適量

前置準備

- 蛋白在使用前都先放冰箱冷藏備用。
- 準備一盆冰水。
- 預熱好平底鍋或電烤盤。

作法

1 製作基底麵糊。在大調理盆中放入蛋黃、細砂糖①、鮮奶、低筋麵粉、無鋁泡打粉，用打蛋器充分混合（ PHOTO 1 ）。

2 製作蛋白霜。在另一個調理盆中放入蛋白、細砂糖②、檸檬汁，底部墊一盆冰水後，用電動攪拌器打發成蛋白霜（ PHOTO 2 ）。

3 混合基底麵糊和蛋白霜。一口氣將蛋白霜全部加入基底麵糊的盆中（ PHOTO 3 ）。

4 用刮刀快速拌勻，以避免蛋白霜消泡，只要水分沒有分離就可以了（ PHOTO 4 ）。

5 煎鬆餅。確認火力和溫度後，於鍋中放入無鹽奶油抹勻。再用尖嘴勺或湯勺挖入麵糊，上面再放一些麵糊堆高（ PHOTO 5 ）。

6 不要蓋鍋蓋，煎 5 分鐘左右。

7 用鏟子翻面後，蓋鍋蓋續煎約 5 分鐘（ PHOTO 6 ），用手指輕觸邊緣，如果麵糊不會沾黏就好了。依序煎完剩下的麵糊。

8 將煎好的舒芙蕾鬆餅疊在盤子上，淋上楓糖漿即完成。

| POINT /

雖然可依照平底鍋或電烤盤調整，但不建議同時煎超出 2～3 個鬆餅。

Q 楓糖漿和一般鬆餅糖漿，哪裡不一樣？

楓糖漿是用楓樹的樹液煮到濃稠後製成，甜度非常自然。大部分產自於加拿大。至於一般鬆餅糖漿，多半是用砂糖或是蜂蜜等人工製成的糖漿。兩種都呈褐色，甜度和鬆餅的搭配性也都很高，但我個人比較推薦加拿大產的楓糖漿，甜度和風味都很迷人。

PHOTO 1

充分混合基底麵糊。

PHOTO 2

確實打發成蛋白霜。

PHOTO 3

將蛋白霜放入基底麵糊中。

PHOTO 4

用一點力氣快速攪拌，拌勻成滑順的質地。

PHOTO 5

將麵糊放到預熱好的電烤盤上。

PHOTO 6

翻面後，蓋鍋蓋燜煎。

檸檬瑞可塔起司
舒芙蕾鬆餅

這款鬆餅是散發清爽檸檬香氣和微微酸味的大人系甜點。在蓬鬆柔軟的麵糊中添加瑞可塔起司,打造濃厚濕潤的風味。非常推薦搭配蜜漬檸檬一起享用。

製作順序

1 製作基底麵糊 — **2** 製作蛋白霜 — **3** 混合基底麵糊和蛋白霜 — **4** 煎鬆餅 — **5** 盛盤

詳細作法請看下一頁!

材料(直徑 15 cm／3 片／1 盤)

◎ 蜜漬檸檬
蜂蜜 ⋯⋯ 200mℓ
檸檬(切薄片)⋯⋯ 1 顆

◎ 檸檬醬
檸檬汁① ⋯⋯ 50mℓ
細砂糖① ⋯⋯ 15g
玉米粉 ⋯⋯ 5g

◎ 基底麵糊
蛋黃 ⋯⋯ 2 顆
細砂糖② ⋯⋯ 13g
鮮奶 ⋯⋯ 2 大匙
低筋麵粉 ⋯⋯ 40g
無鋁泡打粉 ⋯⋯ 1g
檸檬皮屑 ⋯⋯ 5g
瑞可塔起司 ⋯⋯ 45g

◎ 蛋白霜
蛋白 ⋯⋯ 2 顆
細砂糖③ ⋯⋯ 13g
檸檬汁② ⋯⋯ 3 滴
無鹽奶油 ⋯⋯ 15g

◎ 配料
香草冰淇淋 ⋯⋯ 50g
糖粉 ⋯⋯ 少許
薄荷葉 ⋯⋯ 少許

前置準備

- 製作蜜漬檸檬。將蜂蜜和檸檬片放入容器中,浸漬一個晚上。
- 蛋黃和蛋白分開,蛋白在使用前都先放在冰箱冷藏備用。
- 刨檸檬皮屑,榨檸檬汁。
- 準備一盆冰水。
- 預熱好平底鍋或電烤盤。
- 製作檸檬醬。將所有檸檬醬的材料放入鍋中,小火煮到濃稠後,放入冰箱冷藏。

Q 用瑞可塔以外的起司做也會好吃嗎?

附近超市買不到瑞可塔起司的時候,最推薦的替代品是茅屋起司。而且茅屋起司自己做也非常簡單。在鍋中倒入鮮奶 1ℓ,加熱到跟人體肌膚差不多的溫度,再加入檸檬汁 50mℓ,攪拌三次左右後靜置 30 分鐘,接著鮮奶就會分離出來,用餐巾紙包起來濾掉後,放冰箱一個晚上去除水氣即完成。

① 製作基底麵糊

1 在大調理盆中放入蛋黃、細砂糖②、鮮奶、低筋麵粉、無鋁泡打粉、檸檬皮屑、瑞可塔起司。

2 用打蛋器充分混合。

② 製作蛋白霜

1 在另一個調理盆中放入蛋白、細砂糖③、檸檬汁②。

③ 混合基底麵糊和蛋白霜

1 將打好的蛋白霜一口氣倒入基底麵糊的調理盆中。

2 用一點力道快速攪拌，以避免蛋白霜消泡，只要水分沒有分離就 OK。

⑤ 盛盤

4 用鍋鏟翻面。

5 蓋鍋蓋續煎 5 分鐘左右。

1 把三片鬆餅堆疊在盤子上。

2 在調理盆底部墊一盆冰水。

3 用電動攪拌器打發成蛋白霜。

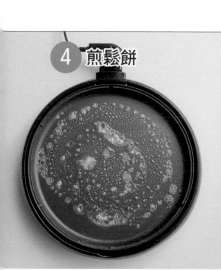

4 煎鬆餅

1 確認火力在小火與極小火之間，或測量溫度為 160～170℃ 後，放入無鹽奶油。

2 用尖嘴勺或湯勺挖入麵糊，上面再加一些麵糊堆高。

3 不要蓋鍋蓋煎 5 分鐘左右。隨時使用溫度計確認溫度維持在 150～160℃。

魔法 Point

2 在鬆餅旁邊擺一排蜜漬檸檬。檸檬清爽的酸味是讓鬆餅更好吃的關鍵。

3 鬆餅上層放蜜漬檸檬、香草冰淇淋，接著整體撒上糖粉，用薄荷葉裝飾就完成了。

變化版

P81 ～
檸檬瑞可塔起司
舒芙蕾鬆餅
的變化版

可麗餅風
柳橙舒芙蕾鬆餅

將法式橙香可麗餅改造成鬆餅版本。柳橙醬汁不要降溫，維持溫溫的最佳狀態。享用前才放上的香草冰淇淋，稍微融化後，滲透到舒芙蕾鬆餅中，咬一口，美味立刻在嘴裡擴散！

材料（直徑 13 cm／3 片／1 盤）

柳橙 —— 1 顆

◎ 柳橙醬
柳橙汁（100%果汁）—— 100㎖
檸檬汁① —— 5㎖
蜂蜜 —— 5㎖
玉米粉 —— 4g

◎ 基底麵糊
蛋黃 —— 2 顆
細砂糖① —— 13g
鮮奶 —— 2 大匙
低筋麵粉 —— 40g
無鋁泡打粉 —— 1g
檸檬皮屑 —— 5g
瑞可塔起司 —— 45g

◎ 蛋白霜
蛋白 —— 2 顆
細砂糖② —— 13g
檸檬汁② —— 3 滴

無鹽奶油 —— 15g

◎ 配料
香草冰淇淋 —— 50g
藍莓 —— 6 顆
糖粉 —— 少許

前置準備

● 蛋黃和蛋白分開，蛋白在使用前都先放在冰箱冷藏備用。
● 刨檸檬皮屑，榨檸檬汁。
● 準備一盆冰水。
● 預熱好平底鍋或電烤盤。

作法

1 柳橙剝皮後，切成容易入口的大小。

2 製作柳橙醬。在小鍋中放入柳橙汁、檸檬汁①、蜂蜜、玉米粉，充分混合（ PHOTO 1 ）。

3 開中火加熱，煮到有點稠度時，轉小火，續煮約 2 分鐘變更濃稠後關火（ PHOTO 2 ）。

4 煎鬆餅。參考 P82 ～ 83 的步驟 ❶ ～ ❹，做出三片舒芙蕾鬆餅。

5 將三片鬆餅有點交錯地疊放在盤子上。

6 上面放一球香草冰淇淋和柳橙塊、藍莓後，均勻撒上糖粉。

7 加熱柳橙醬，享用前再淋上即可。

PHOTO 1

PHOTO 2

玉米粉溶化後，醬汁呈現有點混濁的顏色。

經過加熱後，就會變成有透明感的醬汁。

Q 如何做出滑順的醬汁？

這個柳橙醬汁中含有玉米粉，如果在溶化前就開始加熱的話會結塊，所以必須先把所有材料充分混合均勻再開火。假使加熱後醬汁依然沒有變得滑順有光澤，可以用篩網過篩試試看。

愛心草莓舒芙蕾鬆餅

可愛的心形舒芙蕾鬆餅，只要使用慕斯圈就能夠輕鬆完成。配料選擇自己喜歡的就好，加入繽紛的水果也很夢幻。推薦在上面放一球冰淇淋，鬆餅雖然會稍微扁塌，卻可以享受到美好的濕潤口感。

製作順序

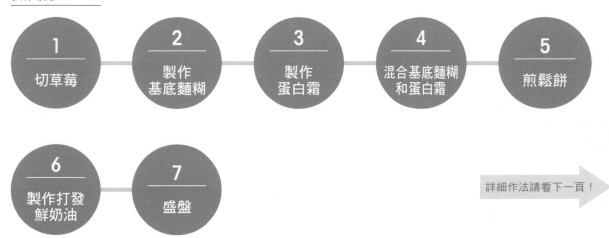

1	2	3	4	5
切草莓	製作基底麵糊	製作蛋白霜	混合基底麵糊和蛋白霜	煎鬆餅

6	7
製作打發鮮奶油	盛盤

詳細作法請看下一頁！

材料（心型慕斯圈 10 cm ×10 cm／1 片／1 盤）

草莓 —— 3 顆

◎ 基底麵糊
蛋黃 —— 1 顆
細砂糖① —— 7g
鮮奶 —— 1 大匙
低筋麵粉 —— 23g
無鋁泡打粉 —— 0.7g

◎ 蛋白霜
蛋白 —— 1 顆
細砂糖② —— 7g
檸檬汁 —— 2 滴

無鹽奶油 —— 15g

◎ 打發鮮奶油
鮮奶油 —— 50ml
細砂糖③ —— 5g
香草精 —— 3 滴

◎ 配料
覆盆子 —— 6 顆
藍莓 —— 6 顆
草莓果醬 —— 2 大匙
草莓冰淇淋 —— 50g
糖粉 —— 少許
檸檬百里香 —— 少許

前置準備

● 蛋黃和蛋白分開，蛋白在使用前都先放在冰箱冷藏備用。

● 在心型慕斯圈的內側塗抹薄薄一層奶油（約 1 小匙的量）。

● 準備一盆冰水。

● 預熱好平底鍋或電烤盤。

Q 慕斯圈的用途？

慕斯圈是一種沒有底部的模具，很常用來製作甜點，例如烤餅乾，或是幫巴巴露亞、慕斯冷卻塑形。在料理中也時常用在切割肉派、擺盤出時髦的前菜等。煎鬆餅時，慕斯圈會變得很燙，請戴上手套隔熱再脫模。

1 切草莓

1 切下草莓的蒂頭。

2 縱切成四等分（切完後和其他水果一起用保鮮膜封好冷藏）。

2 製作基底麵糊

1 在大調理盆中放入蛋黃、細砂糖①、鮮奶、低筋麵粉、無鋁泡打粉。

4 混合基底麵糊和蛋白霜

1 將打好的蛋白霜一口氣倒入基底麵糊的調理盆中。

2 用一點力道快速攪拌，避免蛋白霜消泡，只要水分沒有分離就OK。

5 煎鬆餅

1 確認火力在小火與極小火之間，或測量溫度為 160～170℃後，放入無鹽奶油和慕斯圈。

6 製作打發鮮奶油

1 調理盆中放入鮮奶油、細砂糖③、香草精，用電動攪拌器打發到舉起攪拌棒時前端有小尖角。

2 裝入裝有花嘴的擠花袋中。

7 盛盤

1 將鬆餅連同慕斯圈一起放到盤上，用刀子沿著邊緣劃，脫模。

2 用打蛋器充分混合。

③ 製作蛋白霜

1 在另一個調理盆中放入蛋白、細砂糖②、檸檬汁,並且在底部墊一盆冰水。

2 用電動攪拌器打發成蛋白霜。

2 將麵糊倒入慕斯圈中。

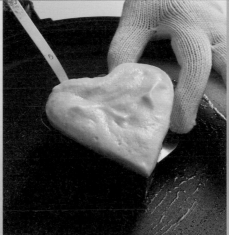

3 蓋鍋蓋煎5分鐘左右後,將麵糊連同慕斯圈一起翻面。

4 麵糊膨起後流出來沒有關係,之後再切除即可。再次蓋鍋蓋煎5分鐘後,用刀子修整邊緣。

魔法
Point

2 在鬆餅周圍環繞草莓果醬,可以讓擺盤效果更加美麗。

3 在草莓果醬和鬆餅上方都放上草莓、覆盆子、藍莓等水果。

4 鬆餅上放一球草莓冰淇淋、擠上打發鮮奶油。撒一層糖粉後,點綴檸檬百里香就完成了。

變化版

P87～
愛心草莓
舒芙蕾鬆餅
的變化版

愛心草莓
巧克力舒芙蕾鬆餅

在愛心草莓舒芙蕾鬆餅的麵糊中，加入巧克力做變化。微苦的巧克力鬆餅加上酸甜的草莓果醬，這個絕配的組合，是一款男生也會喜歡的味道，很適合當成情人節的手作甜點。

材料（心型慕斯圈 10 cm ×10 cm／1 片／1 盤）

草莓 ⋯⋯ 3 顆

◎ 基底麵糊
蛋黃 ⋯⋯ 1 顆
細砂糖① ⋯⋯ 13g
鮮奶 ⋯⋯ 1 大匙
低筋麵粉 ⋯⋯ 13g
可可粉 ⋯⋯ 13g
無鋁泡打粉 ⋯⋯ 0.7g

◎ 蛋白霜
蛋白 ⋯⋯ 1 顆
細砂糖② ⋯⋯ 13g
檸檬汁 ⋯⋯ 2 滴

無鹽奶油 ⋯⋯ 15g

◎ 打發鮮奶油
鮮奶油 ⋯⋯ 50g
細砂糖③ ⋯⋯ 7g
香草精 ⋯⋯ 1 滴

◎ 配料
草莓果醬 ⋯⋯ 2 大匙
草莓冰淇淋 ⋯⋯ 50g
巧克力醬 ⋯⋯ 2 大匙
糖粉 ⋯⋯ 少許
薄荷葉 ⋯⋯ 少許

作法

1 草莓切掉蒂頭後，縱切成四等分。

2 在大調理盆中放入蛋黃、細砂糖①、鮮奶、低筋麵粉、可可粉、無鋁泡打粉後，用打蛋器拌勻（ PHOTO 1 ）。

3 在另一個調理盆中放入蛋白、細砂糖②、檸檬汁，並且在底部墊一盆冰水後，用電動攪拌器打發成蛋白霜。

4 將打好的蛋白霜一口氣倒入基底麵糊的盆中，用一點力道快速攪拌，避免蛋白霜消泡（ PHOTO 2 ）。

5 參考 P88 ～ 89 的步驟 ❷ ～ ❺，煎出草莓形狀的舒芙蕾鬆餅（ PHOTO 3 ）。

6 將鬆餅脫模後，放到盤子中間。

7 繞著鬆餅抹上草莓果醬，再點綴巧克力醬後，擺上草莓。

8 在鬆餅上方放草莓冰淇淋、擠上打發鮮奶油，淋上草莓果醬後，整體撒上糖粉、裝飾薄荷葉就完成了。

前置準備

- 蛋黃和蛋白分開，蛋白在使用前都先放在冰箱冷藏備用。
- 在心型慕斯圈的內側塗抹薄薄一層奶油（約 1 小匙的量）。
- 準備一盆冰水。
- 預熱好平底鍋或電烤盤。
- 製作打發鮮奶油。在調理盆中放入所有材料，用電動攪拌器打發到舉起攪拌棒時，鮮奶油前端會出現小尖角後，裝入裝有花嘴的擠花袋中。

PHOTO 1

充分混合基底麵糊。

PHOTO 2

加入蛋白霜混合後，變成淺咖啡色。

PHOTO 3

將麵糊倒入心型慕斯圈中煎烤。

Q 可以用板巧克力做基底麵糊嗎？

如果沒有可可粉，也可以改用融化的板巧克力。調整配方中的低筋麵粉 13g → 26g，並加入 20g 融化的板巧克力。因為油脂（巧克力）增加了，鬆餅就不會那麼蓬，但美味程度是一樣的，一定要試試看！

獨角獸舒芙蕾鬆餅

在粉彩色系的鮮奶油上，插入獨角獸夢幻尖角般的甜筒餅乾。可愛又獨特的外型，吸睛度超級高，很適合在孩子的生日派對或是茶會上登場！

製作順序

| 1 製作基底麵糊 | 2 製作蛋白霜 | 3 混合基底麵糊和蛋白霜 | 4 煎鬆餅 | 5 製作粉彩鮮奶油 | 6 盛盤 |

材料（直徑15cm／2片／1盤）

◎ 基底麵糊
蛋黃 …… 1 顆
細砂糖① …… 13g
鮮奶 …… 1 大匙
低筋麵粉 …… 25g
無鋁泡打粉 …… 1g

◎ 蛋白霜
蛋白 …… 2 顆
細砂糖② …… 13g
檸檬汁 …… 3 滴

無鹽奶油 …… 15g

◎ 粉彩鮮奶油
鮮奶油 …… 200㎖
細砂糖③ …… 26g
香草精 …… 少許
香草冰淇淋① …… 200g
食用色素 4 色（紅、藍、綠、黃）…… 各少許

◎ 配料
香草冰淇淋② …… 50g
甜筒餅乾 …… 1 個
彩色棉花糖 …… 適量

前置準備

● 蛋黃和蛋白分開，蛋白在使用前都先放在冰箱冷藏備用。
● 準備一盆冰水。
● 預熱好平底鍋或電烤盤。
● 鮮奶油在使用前都先放在冰箱中冷藏備用。

詳細作法請看下一頁！

Q 食用色素該怎麼使用？

食用色素有分液態的色膏和粉狀的色粉。色膏直接滴入鮮奶油中就可以了。如果是色粉的話，要先用熱水拌溶成液態再使用。必須注意熱水的量不能太多，儘量控制在勉強可以將色粉溶開的極少量，否則加入鮮奶油中容易導致油水分離。

1 製作基底麵糊

1 在大調理盆中放入蛋黃、細砂糖①、鮮奶、低筋麵粉、無鋁泡打粉。

2 用打蛋器充分混合。

2 製作蛋白霜

1 在另一個調理盆中放入蛋白、細砂糖②、檸檬汁，並且在底部墊一盆冰水。

4 煎鬆餅

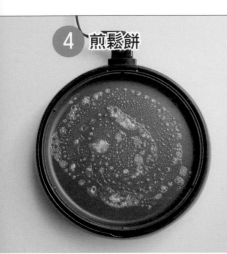

1 確認火力在小火與極小火之間，或測量溫度為 160～170℃後，放入無鹽奶油。

2 用尖嘴勺或湯勺挖入麵糊，上面再加一些麵糊堆高。

3 不要蓋鍋蓋煎 5 分鐘左右。

魔法 Point

2 準備四個調理盆，分別放入 50g 的香草冰淇淋①，以及剩下的打發鮮奶油。

3 分別滴入 2～3 滴的食用色素拌勻，調出四個粉彩筆般的夢幻色調。

4 完成四種粉嫩的色系。

2 用電動攪拌器打發成蛋白霜。

③ 混合基底麵糊和蛋白霜

1 將打好的蛋白霜一口氣倒入基底麵糊的調理盆中。

2 用一點力道快速攪拌，避免蛋白霜消泡，只要水分沒有分離就OK。

4 用鍋鏟翻面，再蓋鍋蓋續煎 5 分鐘左右。

⑤ 製作粉彩鮮奶油

1 先製作打發鮮奶油。在調理盆中放入鮮奶油、細砂糖②、香草精，用電動攪拌器打發到舉起攪拌棒時，鮮奶油前端有小尖角的程度後，取 50g 裝入裝有花嘴的擠花袋中。

⑥ 盛盤

1 將鬆餅堆疊在盤子中間。

2 淋上四種顏色的鮮奶油。正中間擠上打發鮮奶油後，放一球香草冰淇淋②，再斜插入甜筒餅乾，隨意撒一些彩色棉花糖就完成了。

彩虹舒芙蕾鬆餅

變化版

P93 〜
獨角獸
舒芙蕾鬆餅
的變化版

這款鬆餅使用的是延伸自粉彩鮮奶油的彩虹鮮奶油。喜歡繽紛色調的人，只要加入比粉彩鮮奶油多一點點的食用色素，就可以做出各種喜歡的色彩。在盤子上畫出一道專屬於你的幸福彩虹吧。

材料（直徑 15 cm／2 片／1 盤）

◎ 基底麵糊
蛋黃 …… 1 顆
細砂糖① …… 13g
鮮奶 …… 1 大匙
低筋麵粉 …… 25g
無鋁泡打粉 …… 1g

◎ 蛋白霜
蛋白 …… 2 顆
細砂糖② …… 13g
檸檬汁 …… 3 滴

無鹽奶油 …… 15g

◎ 彩虹鮮奶油
鮮奶油 …… 200㎖
細砂糖③ …… 26g
香草精 …… 少許
香草冰淇淋 …… 300g
食用色素 6 色 …… 各少許
（紅、橘、黃、綠、藍、紫）

◎ 配料
彩色巧克力米 …… 少許

前置準備

● 蛋黃和蛋白分開，蛋白在使用前都先放在冰箱冷藏備用。
● 準備一盆冰水。
● 預熱好平底鍋或電烤盤。
● 鮮奶油在使用前都先放在冰箱中冷藏備用。

作法

1 參考 P94 〜 95 的步驟 **❶** 〜 **❹**，煎出二片舒芙蕾鬆餅。

2 製作打發鮮奶油。在調理盆中放入鮮奶油、細砂糖③、香草精，用電動攪拌器打發到舉起攪拌棒時，鮮奶油前端有小尖角的程度。

3 準備六個調理盆，各自放入 50g 香草冰淇淋以及打發鮮奶油。

4 在各個調理盆中滴入 2 〜 3 滴食用色素，充分混合（ **PHOTO** ）。

5 將二片舒芙蕾鬆餅堆疊在盤子中間。

6 淋上六色的彩虹鮮奶油，再撒上彩色巧克力米就完成了。

PHOTO

彩虹鮮奶油的顏色沒有一定，只要調出自己喜歡的色調就好。

Q 如果只有四種顏色的食用色素怎麼辦？

雖然大家普遍認為彩虹是七種顏色，但對夏威夷人來說，彩虹本身只有六種顏色，第七色是漂浮在空中的雲朵。這篇配方中使用了紅、藍、綠、黃、橘、紫六種顏色的食用色素。但如果只有紅、黃、藍、綠，也可以用紅＋黃做出橘色，紅＋藍做出紫色。

京都風抹茶舒芙蕾鬆餅

在麵糊中融入抹茶製成舒芙蕾鬆餅,盤裡抹上抹茶鮮奶油,還有與抹茶絕配的蜜紅豆、黑糖蜜,再以季節水果點綴,純正的和風口味,讓人彷彿置身在京都甘味舖裡品嚐著招牌甜點。

製作順序

| 1 製作抹茶基底麵糊 | 2 製作蛋白霜 | 3 混合基底麵糊和蛋白霜 | 4 煎鬆餅 | 5 製作抹茶鮮奶油 | 6 盛盤 |

材料(直徑 13 cm / 3 片 / 1 盤)

◎ 抹茶基底麵糊
蛋黃 …… 1 顆
細砂糖① …… 13g
鮮奶 …… 1 大匙
低筋麵粉 …… 26g
無鋁泡打粉 …… 1g
抹茶粉① …… 4g

◎ 蛋白霜
蛋白 …… 2 顆
細砂糖② …… 13g
檸檬汁 …… 2 滴

無鹽奶油 …… 15g

◎ 抹茶鮮奶油
鮮奶油 …… 100㎖
細砂糖③ …… 13g
抹茶粉② …… 4g

◎ 配料
糖粉 …… 少許
蜜紅豆(市售) …… 30g
季節水果 …… 適量
(櫻桃、無花果等)
黑糖蜜(市售) …… 2 大匙

前置準備

● 蛋黃和蛋白分開,蛋白在使用前都先放在冰箱冷藏備用。
● 準備一盆冰水。
● 預熱好平底鍋或電烤盤。
● 鮮奶油在使用前都先放在冰箱中冷藏備用。

詳細作法請看下一頁!

Q 有推薦抹茶以外的變化嗎?

黃豆粉的口味我也很推薦。雖然味道本身不是很強烈,但吃的時候可以感受到淡淡的大豆香。製作黃豆粉麵糊時,要把配方中的低筋麵粉與抹茶粉,替換成低筋麵粉 13g、黃豆粉 15g。其他材料和作法都是一樣的,請務必嘗試看看。

① 製作抹茶基底麵糊

1 在大調理盆中放入蛋黃、細砂糖①、鮮奶、低筋麵粉、無鋁泡打粉、抹茶粉①。

2 用打蛋器充分混合。

② 製作蛋白霜

1 在另一個調理盆中放入蛋白、細砂糖②、檸檬汁，並且在底部墊一盆冰水。

④ 煎鬆餅

1 確認火力在小火與極小火之間，或測量溫度為 160～170℃後，放入無鹽奶油。

2 用尖嘴勺或湯勺挖入麵糊，上面再加一些麵糊堆高。

3 不要蓋鍋蓋煎約 5 分鐘後，用鍋鏟翻面，再蓋鍋蓋續煎 5 分鐘左右。

③ 混合抹茶基底麵糊和蛋白霜

2 用電動攪拌器打發成蛋白霜。

1 將打好的蛋白霜一口氣倒入抹茶基底麵糊的調理盆中。

2 用一點力道快速攪拌，避免蛋白霜消泡。

⑤ 製作抹茶鮮奶油

\ AFTER /

⑥ 盛盤

✦魔法✦
Point

1 在調理盆中放入鮮奶油、細砂糖③、抹茶粉②，用電動攪拌器打到八分發。

1 將舒芙蕾鬆餅堆疊在盤子中間略偏旁邊的位置後，在一個定點抹上抹茶鮮奶油，襯托鬆餅。

2 在半邊鬆餅上撒糖粉，盤子上點綴櫻桃、無花果。接著在鬆餅上方放蜜紅豆，再淋黑糖蜜就完成了。

P99 ～
京都風抹茶
舒芙蕾鬆餅
的變化版

鮮奶油 & 熱帶水果
抹茶舒芙蕾鬆餅

抹茶和熱帶水果的組合已經意外地合拍，沒想到加入巧克力後，更加對味到不可思議的程度。這是一款可以同時感受到抹茶微苦和水果清酸，刷新味蕾和視覺觀感的舒芙蕾鬆餅。

材料（直徑 13 cm／3 片／1 盤）

芒果 —— ½ 顆
鳳梨（切片）—— 4 片
紅龍果 —— ⅙ 顆
綠奇異果 —— ⅓ 顆

◎ 打發鮮奶油
鮮奶油 —— 100mℓ
細砂糖① —— 13g

◎ 抹茶基底麵糊
蛋黃 —— 1 顆
細砂糖② —— 13g
鮮奶 —— 1 人匙
低筋麵粉 —— 26g
無鋁泡打粉 —— 1g
抹茶粉 —— 4g

◎ 蛋白霜
蛋白 —— 2 顆
細砂糖③ —— 13g
檸檬汁 —— 2 滴

無鹽奶油 —— 15g

◎ 配料
芒果醬（市售）—— 2 大匙
巧克力醬（市售）—— 2 大匙

前置準備

● 蛋黃和蛋白分開，蛋白在使用前都先放在冰箱冷藏備用。
● 準備一盆冰水。
● 預熱好平底鍋或電烤盤。
● 鮮奶油在使用前都先放在冰箱中冷藏備用。

作法

1 切水果。芒果去籽、對半縱切，果肉切成格子狀，從果皮往內壓，讓中間的果肉翻出來。紅龍果去皮後縱切六等分。綠奇異果削皮後切圓片（ PHOTO 1 ）。

2 製作打發鮮奶油。在調理盆中放入鮮奶油和細砂糖①，用電動攪拌器打到舉起攪拌棒時，鮮奶油前端有小尖角後，裝入裝有花嘴的擠花袋中。

3 參考 P100 ～ 101 的步驟 ❶ ～ ❹，煎出三片抹茶舒芙蕾鬆餅。

4 將鬆餅堆疊在盤子中間稍微偏旁邊的地方（ PHOTO 2 ）。

5 在鬆餅和盤子上抹上芒果醬和巧克力醬（ PHOTO 3 ）。

6 在鬆餅上面擠高高的打發鮮奶油後，淋上巧克力醬，再裝飾切好的水果即可。

PHOTO 1
選擇顏色鮮豔的水果。

PHOTO 2
鬆餅要放在盤子中間稍微往旁邊一點的地方。

PHOTO 3
在盤子上塗抹兩種顏色的醬。

Q 抹茶有和風以外的吃法嗎？

抹茶和巧克力其實是搭配度非常高的組合，例如在剛煎好的舒芙蕾鬆餅中間夾入板巧克力，稍微有點融化的狀態非常好吃。白巧克力或各種不同風味的巧克力也相當美味，可以嘗試不同的獨特口味。

提拉米蘇舒芙蕾鬆餅

這是一款將義大利代表性甜點「提拉米蘇」放到舒芙蕾鬆餅上的混血甜點。從舌尖到喉嚨，都能感受到提拉米蘇鮮奶油的濃郁滑順感，加上蓬鬆柔軟的舒芙蕾鬆餅，在嘴巴裡的口感堪稱絕品。

製作順序

1	2	3	4	5	6
製作基底麵糊	製作蛋白霜	混合基底麵糊和蛋白霜	煎鬆餅	製作提拉米蘇鮮奶油	盛盤

材料（直徑 15 cm／2 片／1 盤）

◎ 基底麵糊
蛋黃 ⋯⋯ 1 顆
細砂糖① ⋯⋯ 13g
鮮奶 ⋯⋯ 1 大匙
低筋麵粉 ⋯⋯ 26g
無鋁泡打粉 ⋯⋯ 1g

◎ 蛋白霜
蛋白 ⋯⋯ 2 顆
細砂糖② ⋯⋯ 13g
檸檬汁 ⋯⋯ 2 滴

無鹽奶油 ⋯⋯ 15g

◎ 提拉米蘇鮮奶油
馬斯卡彭起司 ⋯⋯ 100g
無糖原味優格 ⋯⋯ 13g
鮮奶油 ⋯⋯ 100mℓ
細砂糖③ ⋯⋯ 40g

奇福餅乾 ⋯⋯ 14 片

◎ 咖啡液
熱水 ⋯⋯ 50mℓ
即溶咖啡粉 ⋯⋯ 5g
上白糖 ⋯⋯ 4g

◎ 配料
可可粉 ⋯⋯ 13g
薄荷葉 ⋯⋯ 少許

前置準備

- 蛋黃和蛋白分開，蛋白在使用前都先放在冰箱冷藏備用。
- 馬斯卡彭起司在開始製作前 10 分鐘從冰箱取出備用。
- 準備一盆冰水。
- 預熱好平底鍋或電烤盤。
- 將即溶咖啡粉、上白糖和熱水拌勻，做成咖啡液。

詳細作法請看下一頁！

Q 沒有馬斯卡彭起司的時候怎麼辦？

可以用奶油乳酪代替，使用的分量和馬斯卡彭起司一樣。茅屋起司（過濾）和瑞可塔起司也 OK，但做出來的味道會變得比較清淡。

1 製作基底麵糊
\ AFTER /

1 在大調理盆中放入蛋黃、細砂糖①、鮮奶、低筋麵粉、無鋁泡打粉，用打蛋器充分混合。

2 製作蛋白霜

1 在另一個調理盆中放入蛋白、細砂糖②、檸檬汁，並且在底部墊一盆冰水。

2 用電動攪拌器打發成蛋白霜。

5 製作提拉米蘇鮮奶油

2 用鍋鏟翻面後，蓋鍋蓋續煎5分鐘左右。

1 在調理盆中放入馬斯卡彭起司、無糖原味優格後，拌勻。

✦魔法✦
Point

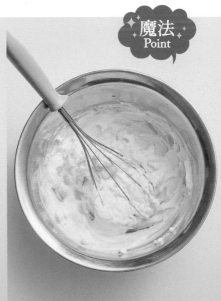

2 在另一個調理盆中放入鮮奶油、細砂糖③，用電動攪拌器打到七分發後再加入 **1** 混合，是做出綿滑口感的關鍵。

③ 混合基底麵糊和蛋白霜

1 將打好的蛋白霜一口氣倒入基底麵糊的盆中。

2 用一點力道快速攪拌，避免蛋白霜消泡，只要水分沒有分離就OK。

④ 煎鬆餅

1 確認火力在小火與極小火之間，或測量溫度為 160 ～ 170℃後，放入無鹽奶油。用尖嘴勺或湯勺挖入麵糊，上面再加一些麵糊堆高。不蓋鍋蓋煎約 5 分鐘。

⑥ 盛盤

1 將奇福餅乾排到盤子上，淋咖啡液後靜置一會兒待其吸收。

2 接著將舒芙蕾鬆餅堆疊到餅乾上。

3 在舒芙蕾鬆餅上放提拉米蘇鮮奶油，再撒上可可粉、點綴薄荷葉就完成了。

焦糖烤布蕾舒芙蕾鬆餅

將表面炙燒出焦糖脆皮、裡頭濃郁綿密的烤布蕾，疊放在充滿空氣感的舒芙蕾鬆餅上。結合了脆口、濃密、鬆綿的嶄新口感，有著正統美味的法式甜點就完成了。

製作順序

| 1 製作基底麵糊 | 2 製作蛋白霜 | 3 混合基底麵糊和蛋白霜 | 4 煎鬆餅 | 5 製作卡士達醬 | 6 盛盤・炙燒 |

材料（直徑 15 cm／2 片／1 盤）

◎ 基底麵糊
蛋黃① …… 1 顆
細砂糖① …… 13g
鮮奶 …… 1 大匙
低筋麵粉 …… 26g
無鋁泡打粉 …… 1g

◎ 蛋白霜
蛋白 …… 2 顆
細砂糖② …… 13g
檸檬汁 …… 2 滴

無鹽奶油 …… 15g

◎ 卡士達醬
鮮奶 …… 120㎖
細砂糖③ …… 26g
蛋黃② …… 1 顆
玉米粉 …… 13g
香草精 …… 少許

◎ 配料
細砂糖④ …… 40g
薄荷葉 …… 少許

前置準備

● 蛋黃和蛋白分開，蛋白在使用前都先放在冰箱冷藏備用。
● 準備一盆冰水。
● 預熱好平底鍋或電烤盤。
● 組裝好噴槍和瓦斯罐。

詳細作法請看下一頁！

Q 沒有噴槍的話怎麼辦？

用烤箱也可以，將鬆餅和布蕾盛裝在耐熱容器裡，直接開上火烘烤就好。如果家裡的瓦斯爐有附烤魚爐的話，放到裡面烘烤也可以。因為烤魚爐本來就是上火比較強，很快就能烤上色。但如果是剛烤過魚或其他料理的烤箱、烤爐，請務必先清潔乾淨再使用，以免臭味殘留。

1 製作基底麵糊

1 在大調理盆中放入蛋黃①、細砂糖①、鮮奶、低筋麵粉、無鋁泡打粉。

2 用打蛋器充分混合。

2 製作蛋白霜

1 在另一個調理盆中放入蛋白、細砂糖②、檸檬汁，並且在底部墊一盆冰水。

4 煎鬆餅

1 確認火力在小火與極小火之間，或測量溫度為 160～170℃後，放入無鹽奶油。

2 用尖嘴勺或湯勺挖入麵糊，上面再加一些麵糊堆高。不蓋鍋蓋煎約 5 分鐘。

3 用鍋鏟翻面後，蓋鍋蓋續煎 5 分鐘左右。

4 用濾網將 **3** 的混合液過篩倒回鍋中。

5 開中火，一邊攪拌一邊煮到出現稠度時轉小火，開始冒泡後續煮 1 分鐘。

6 呈現濃稠的狀態時關火，加入香草精。接著倒入調理盤中，表面用保鮮膜貼合，稍微放涼後，冷藏降溫。

2 用電動攪拌器打發成蛋白霜。

③ 混合基底麵糊和蛋白霜

1 將打好的蛋白霜一口氣倒入基底麵糊的盆中。

2 用一點力道快速攪拌，避免蛋白霜消泡，只要水分沒有分離就OK。

⑤ 製作卡士達醬

1 在鍋中倒入鮮奶和細砂糖③，用小火煮到糖融化後關火。

2 在調理盆中放入蛋黃②和玉米粉，充分混合。

3 一邊將 **1** 的液態材料分次少量倒入 **2** 的調理盆中，一邊拌勻。

⑥ 盛盤・炙燒

1 將煎好的舒芙蕾鬆餅疊放在盤子中間。

2 在舒芙蕾鬆餅上放卡士達醬和細砂糖④。

✦魔法✦
Point

3 用噴槍炙燒。細砂糖層太厚容易燒焦，最好先集中炙燒一處稍微融化後，再往四周擴散出去。最後再用薄荷葉點綴即可。

鑄鐵鍋法式舒芙蕾鬆餅

煎得蓬鬆柔軟的舒芙蕾鬆餅吸飽了濃厚蛋液，再用鑄鐵鍋烘烤的奢侈甜點。頂級法式吐司般濕潤綿密的口感，讓人忍不住上癮。在剛出爐的熱騰騰鬆餅上放一球透心涼的冰淇淋，任誰都無法抗拒！

製作順序

1 製作基底麵糊 → **2** 製作蛋白霜 → **3** 混合基底麵糊和蛋白霜 → **4** 煎鬆餅 → **5** 製作蛋液&打發鮮奶油 → **6** 烘烤・盛盤

材料（直徑 20 cm／1 片／1 盤）

◎ 基底麵糊
蛋黃 —— 1 顆
細砂糖① —— 13g
鮮奶① —— 1 大匙
低筋麵粉 —— 26g
無鋁泡打粉 —— 1g

◎ 蛋白霜
蛋白 —— 2 顆
細砂糖② —— 13g
檸檬汁 —— 2 滴

無鹽奶油 —— 15g

◎ 蛋液
雞蛋 —— 1 顆
鮮奶② —— 100㎖
鮮奶油① —— 50㎖

◎ 打發鮮奶油
鮮奶油② —— 50㎖
細砂糖③ —— 5g
香草精 —— 少許

◎ 配料
香草冰淇淋 —— 50g
藍莓 —— 6 顆
覆盆子 —— 4 顆
薄荷葉 —— 少許
焦糖醬（市售）—— 1 大匙

前置準備

- 蛋黃和蛋白分開，蛋白在使用前都先放在冰箱冷藏備用。
- 準備一盆冰水。
- 預熱好平底鍋或電烤盤。
- 烤箱預熱至 200℃。

詳細作法請看下一頁！

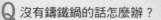

Q 沒有鑄鐵鍋的話怎麼辦？

也可以改用深度 3 cm 以上的耐熱容器或焗烤盤。舒芙蕾鬆餅的大小必須依照容器尺寸調整，原則上只要放得進容器裡就沒有問題。倒入蛋液後，用叉子在鬆餅上戳幾個孔，讓蛋液更能夠滲透到鬆餅中。

1 製作基底麵糊

1 在大調理盆中放入蛋黃、細砂糖①、鮮奶①、低筋麵粉、無鋁泡打粉。

2 用打蛋器充分混合。

2 製作蛋白霜

1 在另一個調理盆中放入蛋白、細砂糖②、檸檬汁，並且在底部墊一盆冰水。

4 煎鬆餅

1 確認火力在小火與極小火之間，或測量溫度為 160 ～ 170℃後，放入無鹽奶油。

2 用尖嘴勺或湯勺挖入麵糊，上面再加一些麵糊堆高。不蓋鍋蓋煎約 5 分鐘。

3 用鍋鏟翻面後，蓋鍋蓋續煎 5 分鐘左右。

6 烘烤 · 盛盤

魔法 Point

\ BEFORE /

\ AFTER /

1 將煎好的舒芙蕾鬆餅放入小鑄鐵鍋中。

2 倒入蛋液後，稍微靜置。待鬆餅充分吸收蛋液，是讓口感更為濕潤的關鍵。

3 放入預熱到 200℃的烤箱中，以 180℃烘烤 15 分鐘。

2 用電動攪拌器打發成蛋白霜。

③ 混合基底麵糊和蛋白霜

1 將打好的蛋白霜一口氣倒入基底麵糊的盆中。

2 用一點力道快速攪拌，避免蛋白霜消泡，只要水分沒有分離就OK。

⑤ 製作蛋液 & 打發鮮奶油

1 製作蛋液。在調理盆中放入雞蛋、鮮奶②、鮮奶油①，充分拌勻。

2 製作打發鮮奶油。在調理盆中放入鮮奶油②、細砂糖③、香草精，用電動攪拌器打發到舉起攪拌棒時，鮮奶油前端有小尖角的程度後，裝入裝有花嘴的擠花袋中。

4 烤到上色後，從烤箱取出靜置5分鐘。

5 在鬆餅上面放一球香草冰淇淋，旁邊再擠上打發鮮奶油。

6 擺上藍莓、覆盆子，淋上焦糖醬，再用薄荷葉點綴就完成了。

雪崩蛋糕風舒芙蕾鬆餅

抽起透明圓筒後，裡頭塞滿滿的舒芙蕾鬆餅與打發鮮奶油，一口氣流滿整個盤子……這是一道充滿驚喜感的甜點，順應當今吃鬆餅也要符合娛樂性的時代。就算沒辦法煎出完美的舒芙蕾鬆餅也完全沒有問題！

製作順序

1	2	3	4	5	6
製作基底麵糊	製作蛋白霜	混合基底麵糊和蛋白霜	煎鬆餅	製作打發鮮奶油	盛盤

詳細作法請看下一頁！

材料（直徑 14 cm／2 片／1 盤）

◎ 基底麵糊
蛋黃 …… 1 顆
細砂糖① …… 13g
鮮奶 …… 1 大匙
低筋麵粉 …… 26g
無鋁泡打粉 …… 1g

◎ 蛋白霜
蛋白 …… 2 顆
細砂糖② …… 13g
檸檬汁 …… 2 滴

無鹽奶油 …… 15g

◎ 打發鮮奶油
鮮奶油 …… 100㎖
細砂糖③ …… 13g
香草精 …… 2 滴

◎ 配料
焦糖醬（市售） …… 2 大匙

前置準備

- 用慕斯圍邊做出直徑 16 cm、高 15 cm 左右的直筒。
- 蛋白在使用前都先放在冰箱冷藏備用。
- 準備一盆冰水。
- 預熱好平底鍋或電烤盤。
- 鮮奶油在使用前都先放在冰箱冷藏備用。

透明圓筒的材料和製作方法

◎ 準備材料
慕斯圍邊（硬質） …… 長15cm、寬50cm
透明膠帶 …… 少許

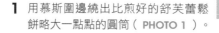

1 用慕斯圍邊繞出比煎好的舒芙蕾鬆餅略大一點點的圓筒（ PHOTO 1 ）。

2 貼上透明膠帶固定即可（ PHOTO 2 ）。

PHOTO 1

PHOTO 2

Q 沒有慕斯圍邊怎麼辦？

也可以用透明資料夾或是寶特瓶代替。透明資料夾的使用方式和慕斯圍邊相同。如果是寶特瓶的話，則要先將上下割掉，取中段來用。用寶特瓶替代的時候要特別注意，必須依照寶特瓶的直徑來調整鬆餅的大小。

1 製作基底麵糊

1 在大調理盆中放入蛋黃、細砂糖①、鮮奶、低筋麵粉、無鋁泡打粉。

2 用打蛋器充分混合。

2 製作蛋白霜

1 在另一個調理盆中放入蛋白、細砂糖②、檸檬汁,並且在底部墊一盆冰水。

4 煎鬆餅

1 確認火力在小火與極小火之間,或測量溫度為 160 ～ 170℃後,放入無鹽奶油。

2 用尖嘴勺或湯勺挖入麵糊,上面再加一些麵糊堆高。不蓋鍋蓋煎約 5 分鐘。

3 用鍋鏟翻面後,蓋鍋蓋續煎 5 分鐘左右。

③ 混合基底麵糊和蛋白霜

2 用電動攪拌器打發成蛋白霜。

1 將打好的蛋白霜一口氣倒入基底麵糊的盆中。

2 用一點力道快速攪拌,避免蛋白霜消泡,只要水分沒有分離就OK。

⑤ 製作打發鮮奶油　⑥ 盛盤

1 在調理盆中放入鮮奶油、細砂糖③、香草精,用電動攪拌器打到八分發。

\ AFTER /

吃之前才把筒子抽起來

魔法 Point

1 在盤子中間放透明圓筒,裡頭疊入二片鬆餅後,上面再放入打發鮮奶油。

2 淋上焦糖醬就完成了。享用前抽起透明圓筒,裡頭的鮮奶油就會像雪崩般流出來。

起司鍋風舒芙蕾鬆餅

裏覆著黏糊糊起司醬的舒芙蕾鬆餅，就如同享用起司鍋一樣濃郁。在濃厚的起司中加入核桃當味覺亮點，和鬆餅一起吃的搭配度超群。盛盤時附上沙拉當配菜，吃完後清爽不膩口。

製作順序

| 1 製作基底麵糊 | 2 製作蛋白霜 | 3 混合基底麵糊和蛋白霜 | 4 煎鬆餅 | 5 製作起司醬 | 6 盛盤 |

材料（直徑13cm／3片／1盤）

◎ 基底麵糊
蛋黃 …… 1 顆
細砂糖① …… 13g
鮮奶 …… 1 大匙
低筋麵粉 …… 26g
無鋁泡打粉 …… 1g

◎ 蛋白霜
蛋白 …… 2 顆
細砂糖② …… 13g
檸檬汁 …… 2 滴

無鹽奶油 …… 15g

◎ 起司醬
披薩用起司 …… 80g
藍紋起司 …… 20g
鮮奶油 …… 50㎖

◎ 配料
核桃（切碎） …… 少許
黑胡椒 …… 少許

◎ 配菜
海蘆筍或青花菜（汆燙） …… 30g
紅蘿蔔（削薄片，汆燙） …… 5g
食用花 …… 3 朵

前置準備

- 蛋黃和蛋白分開，蛋白在使用前都先放在冰箱冷藏備用。
- 準備一盆冰水。
- 預熱好平底鍋或電烤盤。

詳細作法請看下一頁！

Q 哪些起司可以做成起司鍋風鬆餅？

埃文達起司、藍紋起司、莫札瑞拉起司、卡門貝爾起司等都可以，混合兩種以上起司的味道濃郁有層次。想要方便一點的話，也可以直接購買兩種市售的披薩用起司混合。冰箱裡如果有剩下一些零星的不同種類起司，不妨都加進去試試看，可能會意外美味唷。

① 製作基底麵糊

1 在大調理盆中放入蛋黃、細砂糖①、鮮奶、低筋麵粉、無鋁泡打粉。

2 用打蛋器充分混合。

② 製作蛋白霜

1 在另一個調理盆中放入蛋白、細砂糖②、檸檬汁，並且在底部墊一盆冰水。

④ 煎鬆餅

1 確認火力在小火與極小火之間，或測量溫度為 160～170℃後，放入無鹽奶油。

2 用尖嘴勺或湯勺挖入麵糊，上面再加一些麵糊堆高。不蓋鍋蓋煎約 5 分鐘。

3 用鍋鏟翻面後，蓋鍋蓋續煎 5 分鐘左右。

③ 混合基底麵糊和蛋白霜

2 用電動攪拌器打發成蛋白霜。

1 將打好的蛋白霜一口氣倒入基底麵糊的盆中。

2 用一點力道快速攪拌,避免蛋白霜消泡,只要水分沒有分離就OK。

⑤ 製作起司醬　⑥ 盛盤

\ AFTER /

魔法
Point

1 鍋中放入披薩用起司、藍紋起司、鮮奶油,開中火煮到起司溶化後轉小火,再續煮1分鐘左右,重點在於煮到整體均勻融合。

1 在盤子上疊放舒芙蕾鬆餅,旁邊再擺上配菜。

2 將起司醬淋到舒芙蕾鬆餅上後,撒上切碎的核桃、黑胡椒就完成了。

草莓奶油公主
舒芙蕾鬆餅

淋滿粉紅色鮮奶油的舒芙蕾鬆餅，簡直就像穿著美麗洋裝的公主。夾藏在中間的草莓果醬也是不能錯過的美味重點。幫總是很努力的自己打打氣，做一份充滿公主氣息的夢幻甜點吧！

製作順序

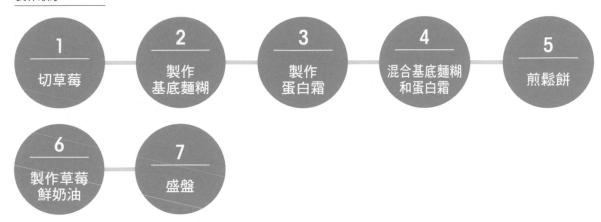

1 切草莓 — **2** 製作基底麵糊 — **3** 製作蛋白霜 — **4** 混合基底麵糊和蛋白霜 — **5** 煎鬆餅

6 製作草莓鮮奶油 — **7** 盛盤

材料（直徑 15 cm／2 片／1 盤）

草莓 …… 3 顆

◎ 基底麵糊
蛋黃 …… 1 顆
細砂糖① …… 13g
鮮奶 …… 1 大匙
低筋麵粉 …… 26g
無鋁泡打粉 …… 1g

◎ 蛋白霜
蛋白 …… 2 顆
細砂糖② …… 13g
檸檬汁 …… 2 滴

無鹽奶油 …… 15g

◎ 草莓鮮奶油
鮮奶油 …… 100㎖
細砂糖③ …… 13g
草莓冰淇淋 …… 50g
食用色素（紅色）…… 少許

◎ 配料
糖粉 …… 少許
草莓果醬 …… 2 大匙
薄荷葉 …… 少許

前置準備

● 蛋黃和蛋白分開，蛋白在使用前都先放在冰箱冷藏備用。
● 準備一盆冰水。
● 預熱好平底鍋或電烤盤。
● 鮮奶油在使用前都先放在冰箱中冷藏備用。

詳細作法請看下一頁！

Q 怎麼拍出好看的鬆餅照片？

鬆餅是不管從上面拍還是從側面拍都很上相的甜點！但如果想要拍出咖啡廳或甜點店般的豐盛感，最推薦的就是「享用者視角」。沒錯，就是像左圖一樣，從正面看大約是俯角 45 度，從上往下看的感覺。如果是向右圖般堆成高塔般的鬆餅，就從側面拍更有魄力，但也要留意一下鬆餅的背景唷。

1 切草莓

2 製作基底麵糊

1 草莓切掉蒂頭，再對半切成愛心型（切法請參考 P36）。

1 在大調理盆中放入蛋黃、細砂糖①、鮮奶、低筋麵粉、無鋁泡打粉。

2 用打蛋器充分混合。

5 煎鬆餅

2 用一點力道快速攪拌，避免蛋白霜消泡，只要水分沒有分離就OK。

1 確認火力在小火與極小火之間，或測量溫度為 160～170℃後，放入無鹽奶油。

2 用尖嘴勺或湯勺挖入麵糊，上面再加一些麵糊堆高。

✦✦ 魔法
Point

2 在另一個調理盆中放入草莓冰淇淋、**1** 的打發鮮奶油，充分混合均勻。

3 滴入 2～3 滴食用色素，調成粉嫩夢幻的粉紅色。

③ 製作蛋白霜

1 在另一個調理盆中放入蛋白、細砂糖②、檸檬汁，並且在底部墊一盆冰水。

2 用電動攪拌器打發成蛋白霜。

④ 混合基底麵糊和蛋白霜

1 將打好的蛋白霜一口氣倒入基底麵糊的盆中。

3 不蓋鍋蓋煎約 5 分鐘。

4 用鍋鏟翻面後，蓋鍋蓋續煎 5 分鐘左右。

⑥ 製作草莓鮮奶油

1 在調理盆中放入鮮奶油、細砂糖③，用電動攪拌器打到約七分發程度。

⑦ 盛盤

1 在盤子上均勻撒上糖粉。

2 中間先放一片鬆餅，塗上草莓果醬後，再疊放另一片鬆餅。

3 在盤子裡擺上草莓。鬆餅上淋草莓鮮奶油，再用草莓、薄荷葉點綴即完成。

台灣廣廈 國際出版集團
Taiwan Mansion International Group

國家圖書館出版品預行編目（CIP）資料

鬆餅研究室：第一次做就好吃！美式鬆餅×舒芙蕾鬆餅，用平
底鍋就能做的職人級魔法配方全圖解！/藤澤serika著. -- 初版.
-- 新北市：臺灣廣廈有聲圖書有限公司, 2021.12
　　面；　公分
ISBN 978-986-130-516-5（平裝）

1.點心食譜

427.16　　　　　　　　　　　　　　　110018425

鬆餅研究室
第一次做就好吃！美式鬆餅×舒芙蕾鬆餅，用平底鍋就能做的職人級魔法配方全圖解！

作　　　者／藤澤serika	編輯中心編輯長／張秀環・編輯／許秀妃
翻　　　譯／Moku	封面設計／張家綺・內頁排版／菩薩蠻數位文化有限公司
	製版・印刷・裝訂／東豪・弼聖・秉成

日本原書出版團隊

設　　　計／小谷田一美	企劃・編輯／成田すず江（株式会社テンカウント）
攝　　　影／大木慎太郎	成田泉（有限会社LAP）
造　　　型／South Point	攝影協力／福島啓二、Floral_Atelier、UTUWA
花 藝 裝 飾／福島康代	日本美膳雅Cuisinart Conair www.cuisinart.jp

行企研發中心總監／陳冠蒨	媒體公關組／陳柔彣
	綜合業務組／何欣穎

行　 行　 人／江媛珍
法 律 顧 問／第一國際法律事務所 余淑杏律師・北辰著作權事務所 蕭雄淋律師
出　　　版／台灣廣廈
發　　　行／台灣廣廈有聲圖書有限公司
　　　　　　地址：新北市235中和區中山路二段359巷7號2樓
　　　　　　電話：（886）2-2225-5777・傳真：（886）2-2225-8052

代理印務・全球總經銷／知遠文化事業有限公司
　　　　　　地址：新北市222深坑區北深路三段155巷25號5樓
　　　　　　電話：（886）2-2664-8800・傳真：（886）2-2664-8801
郵 政 劃 撥／劃撥帳號：18836722
　　　　　　劃撥戶名：知遠文化事業有限公司（※單次購書金額未滿1000元需另付郵資70元。）

■出版日期：2021年12月
ISBN：978-986-130-516-5

HAJIMETEDEMO OISHIKU TSUKURERU MAHO NO PANCAKE by Serika Fujisawa
Copyright © 2020 Serika Fujisawa
All rights reserved.
Original Japanese edition published by Mynavi Publishing Corporation.

This Traditional Chinese edition is published by arrangement with Mynavi Publishing Corporation, Tokyo
in care of Tuttle-Mori Agency, Inc., Tokyo through Keio Cultural Enterprise Co., Ltd., New Taipei City.